国家中等职业教育改革发展示范学校特色教材

（计算机应用专业）

Visual Foxpro 程序设计项目教程

喻云峰　卢秋根　主　编

万　萍　付坊英　副主编

中国财富出版社

图书在版编目（CIP）数据

Visual Foxpro 程序设计项目教程／喻云峰，卢秋根主编 . —北京：中国财富出版社，
2014. 6

（国家中等职业教育改革发展示范学校特色教材 . 计算机应用专业）

ISBN 978 - 7 - 5047 - 5263 - 5

Ⅰ. ①V… Ⅱ. ①喻… ②卢… Ⅲ. ①关系数据库系统—程序设计—中等专业学校—教材
Ⅳ. ①TP311. 138

中国版本图书馆 CIP 数据核字（2014）第 139975 号

策划编辑　王淑珍	责任印制　方朋远
责任编辑　王淑珍	责任校对　杨小静

出版发行	中国财富出版社（原中国物资出版社）
社　　址	北京市丰台区南四环西路 188 号 5 区 20 楼　　　邮政编码　100070
电　　话	010 - 52227568（发行部）　　　　010 - 52227588 转 307（总编室）
	010 - 68589540（读者服务部）　　010 - 52227588 转 305（质检部）
网　　址	http://www. cfpress. com. cn
经　　销	新华书店
印　　刷	北京京都六环印刷厂
书　　号	ISBN 978 - 7 - 5047 - 5263 - 5/TP · 0079
开　　本	787mm × 1092mm　1/16　　版　　次　2014 年 6 月第 1 版
印　　张	11. 25　　　　　　　　　　　　印　　次　2014 年 6 月第 1 次印刷
字　　数	233 千字　　　　　　　　　　　定　　价　25. 00 元

目 录

前　言

Visual Foxpro 这门课程是数据库管理与应用课程，也是一门程序设计课程，它是中专计算机应用专业一门非常重要的核心专业课程。但对中职学生来说，学习这门课程普遍感到难度很大，学习兴趣低下，如果按照传统学科课程体系来组织教学，情况会变得更加糟糕。针对这种情况，必须调整该课程教学内容和教学编排，建立一种既符合职业教育典型工作任务岗位能力培养，又适合中职学生现状的课程标准和教学模式，为此，江西省商务学校计算机系组织教师编写了这本适应教学新形势的教材。本教材由喻云峰、卢秋根担任主编，万萍、付坊英担任副主编，参与本教材编写的教师还有邓春、陈建华、潘勇慧、程青、詹歆霏、涂巍巍。

在教材内容选取上，遵循以下四个原则：教学内容的实用性、教学内容的够用性、教学内容的有趣性、教学内容与时俱进。

在教材内容的编排上，抛弃原来把基础全面学完后才开始学习软件开发的传统的课程体系组织教学。新模式要求按照典型工作任务入手，将工作任务巧妙地融入到一个个的项目中，每个项目就成为培养相应知识和技能的载体。例如：以一个个简易软件开发为项目，一步一步教学生如何去实现，其中，不明白的道理暂时放下不管，只需学生掌握开发过程，并能模仿跟随老师完成一个小项目的开发，增强学生的成就感，激发学生的学习兴趣。学生原来感到很难的地方，他们变得主动地想知道其中的奥妙，自然回过头来希望老师讲授其中的道理给他们听，学生接受起来就容易多了。然后通过不断地重复这些过程，学生逐渐掌握了开发的全过程，并不断理解和掌握其中比较复杂的技术。本教材的所有程序均在 Windows XP 操作系统中，用 Visual Foxpro 6.0 调试成功。

由于编者水平有限，书中疏漏和不足之处在所难免，敬请读者批评指正。

编　者

2014 年 5 月

项目一　计算器的开发

第一部分　导言

【教学目的】

　　掌握用 Visual Foxpro 开发一个软件的基本过程，了解面向对象的程序设计方法。

【知识目标】

　　项目管理器、文件与文件类型、文件逻辑形式与物理形式。

【能力目标】

　　文件命名、用项目管理器管理文件。

第二部分　开发过程

【步骤一】 在 E 盘建立一个文件夹，它的名称为：计算器。

　　此文件夹用来存储开发过程中所形成的文件，也就是本项目在开发过程中所有文件都保存在该文件夹中。

【步骤二】 建立一个项目管理器文件，它的名称为：计算器。

　　此文件用来管理开发过程中所需要的文件。项目管理器文件本身也是保存在上面所建的文件夹中见图 1-1。

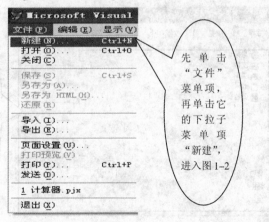

图 1-1

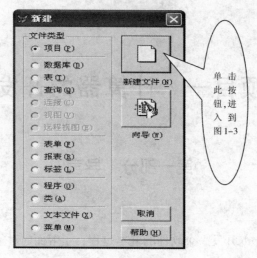

图 1－2

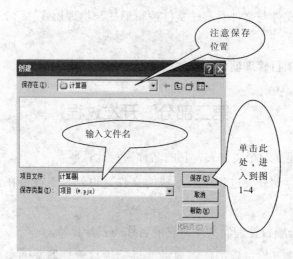

图 1－3

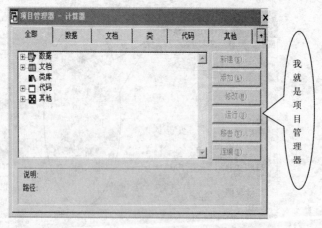

图 1－4

【步骤三】新建计算器表单文件（见图1－5）。

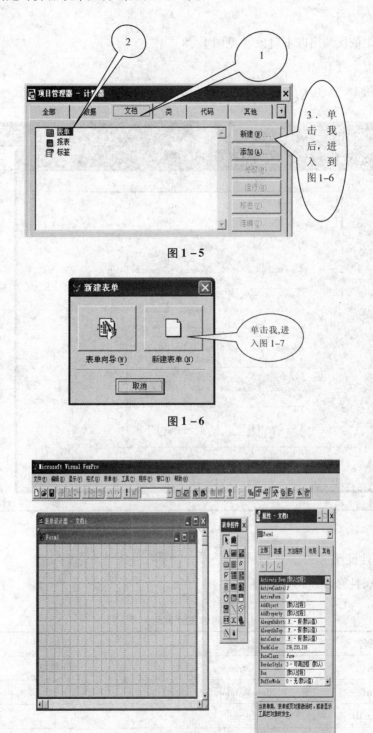

图1－5

图1－6

图1－7 表单设计器

【步骤四】设计计算器表单。

（1）对象设计

在表单中依次画出以下对象（见图1-8）。

文本框1个（Text1）。

命令按钮18个（从Command1～Command18）。

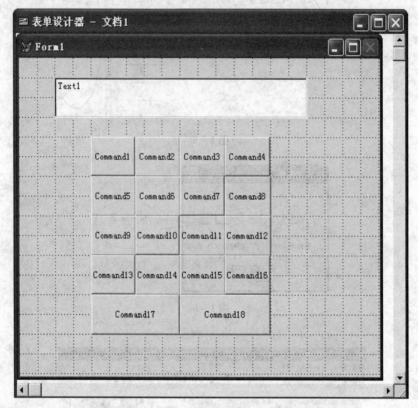

图1-8

（2）属性设计

对象的属性修改如表1-1所示。

表1-1   属性设计说明

对象名	属性名	属性值
Form1	caption	计算器
Form1	ShowWindow	2
Command1	caption	1
Command2	caption	2
Command3	caption	3

对象名	属性名	属性值
Command4	caption	4
Command5	caption	5
Command6	caption	6
Command7	caption	7
Command8	caption	8
Command9	caption	9
Command10	caption	0
Command11	caption	+
Command12	caption	-
Command13	caption	*
Command14	caption	/
Command15	caption	.
Command16	caption	' = '
Command17	caption	清除
Command18	caption	关闭

属性修改后表单变成如图 1 -9 所示。

图 1 -9

（3）代码设计

为表单中的对象添加代码，其中从 Command1 到 Command9 的代码非常相似，本书中仅给出对象 Command1 和 Command2 的代码，其余 7 个依次类推（见图 1－10 至图 1－21）。

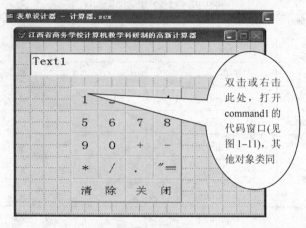

图 1－10

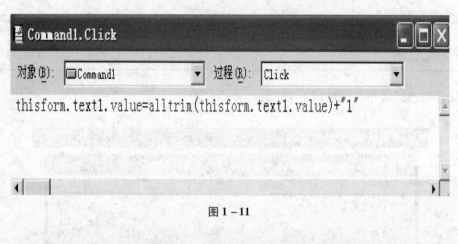

图 1－11

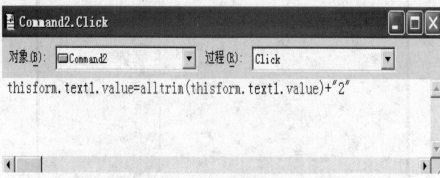

图 1－12

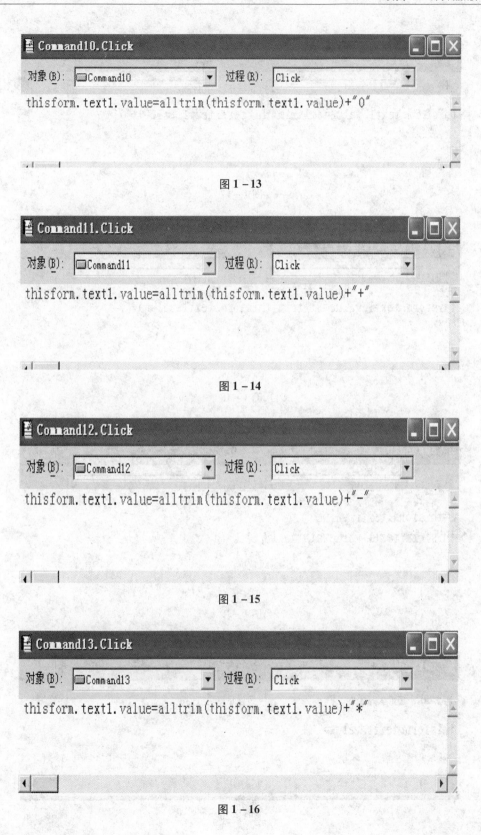

图 1－13

图 1－14

图 1－15

图 1－16

图 1 – 17

图 1 – 18

图 1 – 19

图 1 – 20

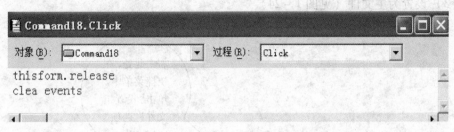

图 1 – 21

（4）完成后，注意保存，文件名为：计算器.scr

【步骤五】主控程序设计。

（1）新建程序文件，名称为 main. prg（扩展名可以不写）（见图 1 – 22）

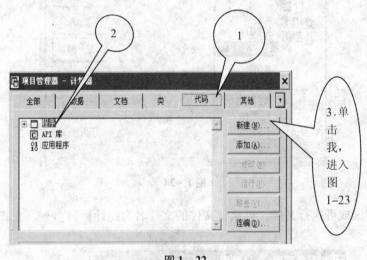

图 1 – 22

（2）书写代码

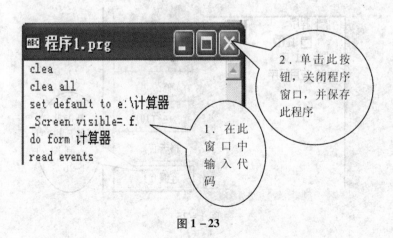

图 1 – 23

（3）设置为主文件（见图 1 – 24）

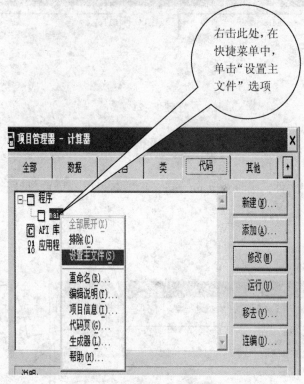

图 1 – 24

【步骤六】连编成可执行文件，可执行文件的文件名为：计算器.exe（见图 1 – 25）。

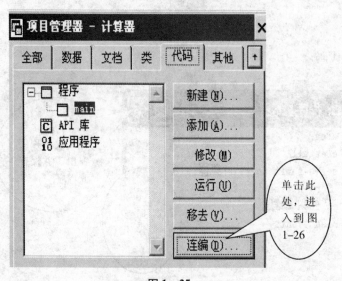

图 1 – 25

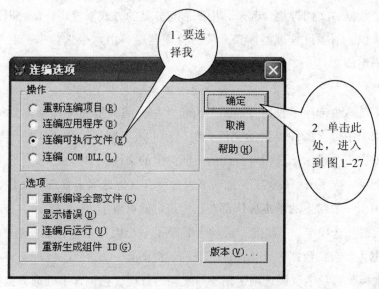

图 1－26

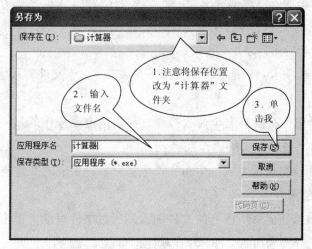

图 1－27

【步骤七】运行调试。

　　打开 E 盘上的计算器文件夹，直接双击可执行文件（计算器.exe），也可以将此文件发送为桌面快捷方式后再在桌面上直接运行。

第三部分　知识链接

【链接一】项目管理器的功能与使用

　　项目管理器是 Visual Foxpro 6.0 用来管理、组织数据和对象的主要工具。它将一些

相关的文件、数据、文档等集合起来，用图形与分类的方式来管理。（参照图 1 - 4）

我们来认识一下项目管理器窗口。项目管理器窗口由六个选项卡、七个命令按钮和一个列表框组成：

1. 选项卡

窗口上方的六个选项卡使得 Visual Foxpro 6.0 不同类型的文件做到分门别类的管理。每个选项卡中包含多种类型的文件。用鼠标单击不同的选项卡，即可切换到不同的选项卡，并在下方显示该选项卡管理的不同类型的文件。

（1）"全部"选项卡。"全部"选项卡包含所有其他选项卡管理的文件，是一个总体的管理手段。一般学生的基本操作都在这里进行就可以了。

（2）"数据"选项卡。"数据"选项卡管理了一个项目中包含的所有的数据文件，它包含的数据主要有：数据库、自由表、查询和视图等。

（3）"文档"选项卡。该选项卡用于对文档的管理，它包含了处理数据所需要的全部文档。它包含的类型有：表单、报表、标签等。

（4）"类"选项卡。该选项卡主要用于管理类库文件。

（5）"代码"选项卡。该选项卡主要用于管理各类程序的代码。主要包含三类代码：程序、API 库和应用程序。

（6）"其他"选项卡。该选项卡主要用于对菜单、文本文件和其他文件的管理。

2. 命令按钮

在项目管理器中，右侧有七个命令按钮，我们选定要操作的某一个文件，再单击相应的命令按钮即可进行相关的操作：

（1）新建。该按钮用于生成一个新文件或新对象，生成的文件类型依在项目管理器中选定的文件类型而定。

（2）添加。该按钮能够把已有的文件加入到项目文件里面。单击该按钮，便会打开对话框，我们选择要添加的文件，单击确定即可。

（3）修改。该按钮用于打开选定的文件并可以对文件进行修改。

（4）浏览。该按钮用于打开一个表的浏览窗口，该按钮只有在选定表的时候才可用。

（5）关闭/打开。该按钮只有在选择了数据库的情况下才可以使用。如果选择的数据库已经打开，则该按钮显示"关闭"，否则显示"打开"。

（6）移去。该按钮用于把项目文件中选定的文件或对象移去或删除：选中要移去的文件，单击"移去"，就会出现一个对话框，若选择"移去"，则选定的文件从项目管理器中移出，若选择"删除"，则选定的文件从项目管理器中移出并在磁盘上真正地删除。

（7）运行。该按钮用于运行选定的查询、表单或程序文件。

（8）预览。该按钮只有在选定了一个报表或标签时才显示，以打印预览的形式显示所选择的报表或标签。

（9）连编。重新构建一个项目，也可以构造一个可执行的 exe 文件。

【链接二】Visual Foxpro 中的主要文件类型

Visual FoxPro 6.0 的主要文件类型如下：

- APP：应用程序文件
- LBT：标签备注文件
- BAK：备注文件
- LBX：标签文件
- CDX：复合索引文件
- MEM：内存变量文件
- DBC：数据库文件
- MNT：菜单备注文件
- PRG：程序文件
- EXE：可执行文件
- QPR：生成的查询程序文件
- FMT：格式文件
- QPX：编译后的查询文件
- FPT：表备注文件
- SCT：表单备注文件
- FRT：报表备注文件
- SCX：表单文件
- FRX：报表文件
- TMP：临时文件
- FXP：源程序编译后的文件
- VCT：可视类库备注文件
- HLP：帮助文件
- VCX：可视类库文件
- IDX：单项索引文件
- DBF：数据表文件
- PJX：项目文件

第四部分　实训项目

【**实训一**】根据教材步骤，完成计算器软件的开发。

【**实训二**】修改你的计算器软件的界面，使得它更加美观，更富有个性。

项目二　　数据收集与存储

第一部分　导言

【教学目的】

掌握数据与数据类型的概念，掌握数据的分类，数据的存储方法。

【知识目标】

数据类型，数据库的建立方法，数据表的建立与数据输入。

【能力目标】

数据表的结构设计能力，数据库结构设计能力。

第二部分　教学过程

【任务一】分析数据类型

观察以下两张表格，分析它们包含的数据类型（见表2－1和表2－2）。

表2－1　　　　　　　　　　　学生成绩

姓名	学号	语文	数学	英语	VF	Flash	Photoshop
张三	20080101	87	86	69	87	86	87
李四	20080102	76	85	69	83	88	86
王五	20080103	75	84	68	82	89	86
赵六	20080104	78	78	64	84	94	83
孙七	20080105	98	89	66	86	91	81
钱八	20080106	75	95	69	82	99	83

表 2 - 2 学生基本情况

姓名	学号	性别	生日	是否团员	相片	简历
张三	20080101	男	1993 年 1 月 1 日	是		一年级任组长，二年级任学习委员，三年级任组长
李四	20080102	女	1993 年 2 月 1 日	是		一年级任组长，二年级任劳动委员，三年级任组长
王五	20080103	男	1993 年 3 月 1 日	是		一年级任组长，二年级任文娱员，三年级任班长
赵六	20080104	女	1993 年 4 月 1 日	是		一年级任班长，二年级任纪律委员，三年级任组长
孙七	20080105	男	1993 年 5 月 1 日	否		一年级任班长，二年级任生活委员，三年级任班长
钱八	20080106	女	1993 年 6 月 1 日	否		一年级任组长，二年级任体育委员，三年级任班长

以上两个表格要存储在计算机中，需首先定义它们在计算机中的表结构。

学生基本情况表结构（见表 2 - 3）。

表 2 - 3 学生基本情况表结构

字段名	类型	宽度	小数位数
姓名	字符型	8	
学号	字符型	8	
性别	字符型	2	
生日	日期型	8	
是否团员	逻辑型	1	
相片	通用型	4	
简历	备注型	4	

学生成绩表的表结构（见表 2 - 4）。

表 2 - 4   学生成绩表结构

字段名	类型	宽度	小数位数
姓名	字符型	8	
学号	字符型	8	
语文	数值型	5	1
数学	数值型	5	1
英语	数值型	5	1
Visual Foxpro	数值型	5	1
Flash	数值型	5	1
Photo Shop	数值型	5	1

【任务二】建立数据库

【步骤一】在 E 盘建立一个文件夹，它的名称为：项目二。

此文件夹用来存储开发过程中所形成的文件，也就是本项目在开发过程中所有文件都保存在该文件夹中。

【步骤二】建立一个项目管理器文件，它的名称为：学生数据。

此文件用来管理开发过程中所需要的文件。项目管理器文件本身也是保存在上面所建的文件夹中（见图 2 - 1）。

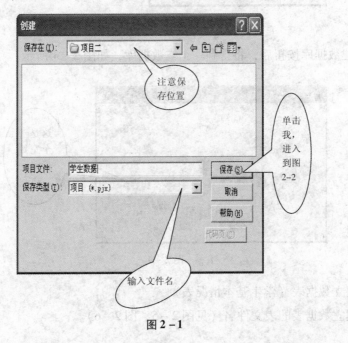

图 2 - 1

【步骤三】新建数据库。

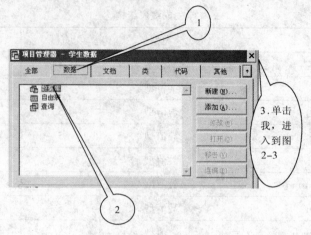

图 2－2

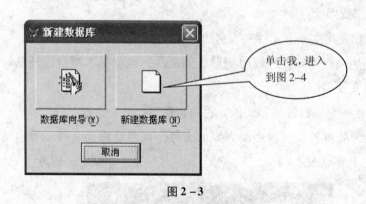

图 2－3

单击新建数据库按扭后，将得到一个空数据库，如图 2－4 所示。

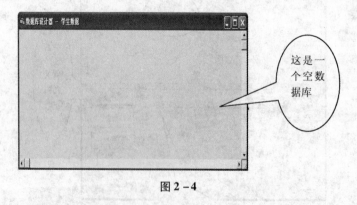

图 2－4

【任务三】建立数据表（学生基本情况表）

【步骤一】建立数据表的表文件名（见图 2－5、图 2－6）。

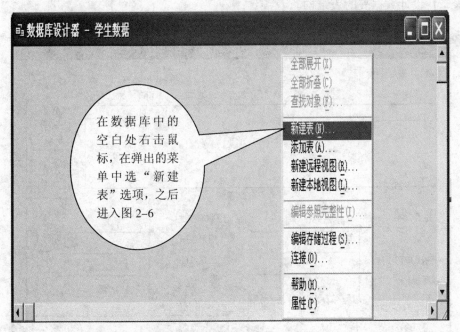

图 2-5

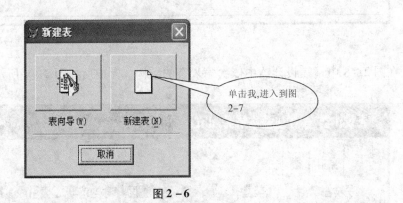

图 2-6

图 2-7

【步骤二】设计数据表的表结构。

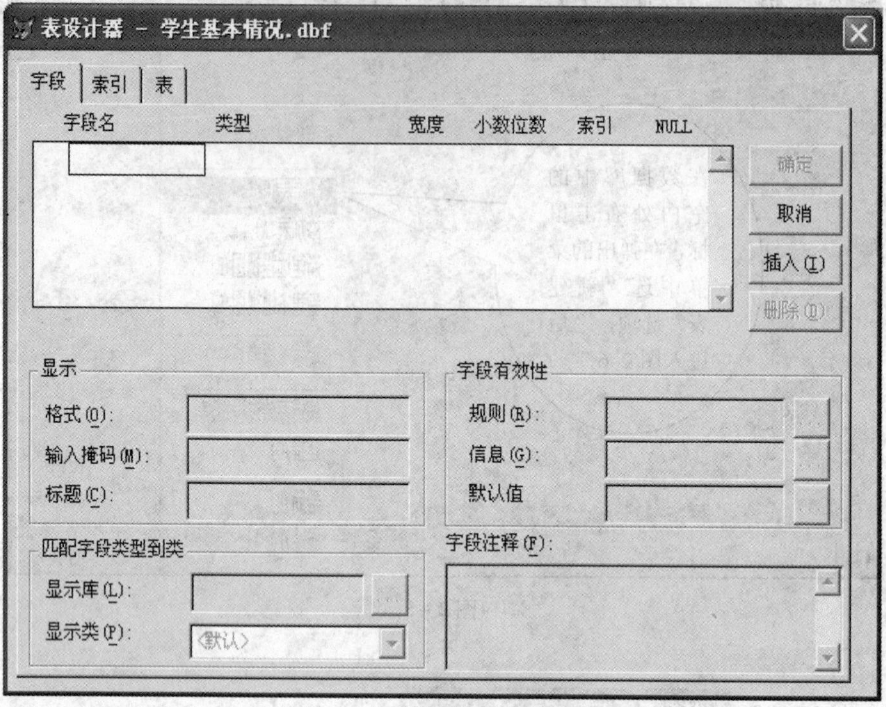

图 2 - 8

在图 2 - 8 中（表设计器中依次输入表的结构，完成后如图 2 - 9 所示）

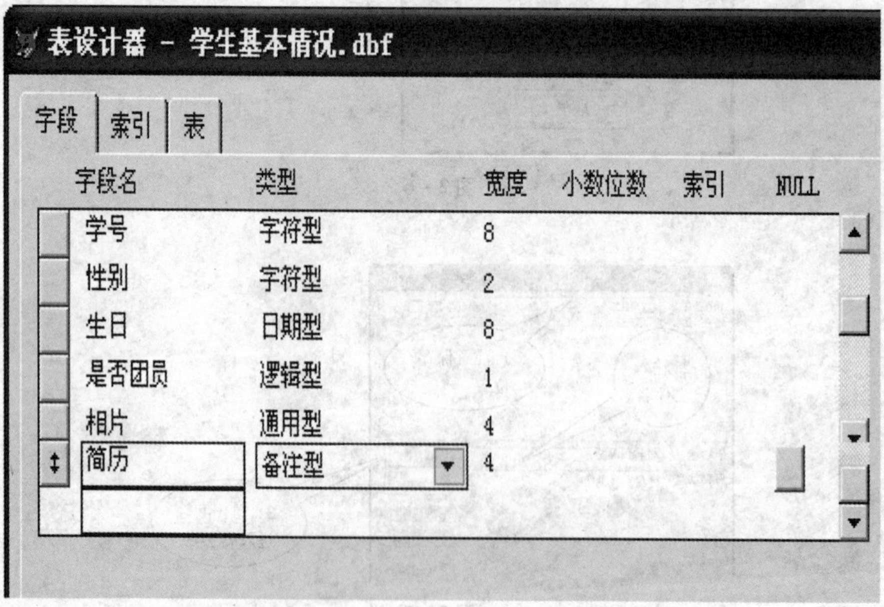

图 2 - 9

经检查无误后，可按"确定"按钮保存设计结果（见图 2 – 10 ~ 图 2 – 12），并进入数据输入阶段。

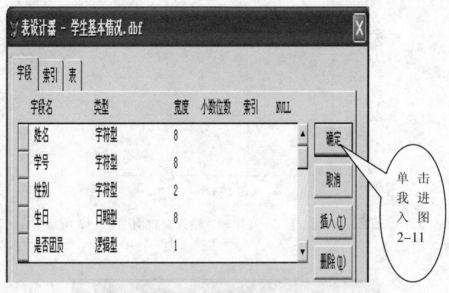

图 2 – 10

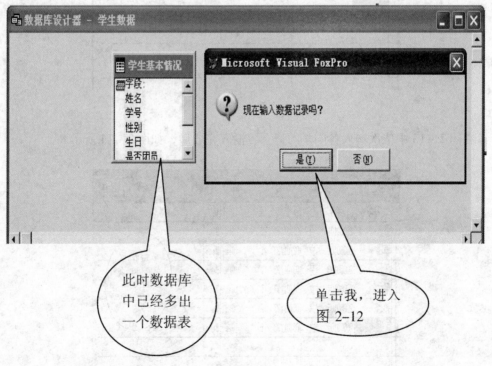

图 2 – 11

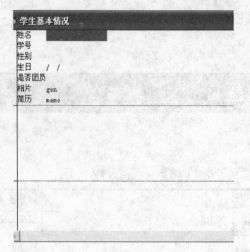

图 2 - 12

按"显示"菜单下的"浏览"子菜单项,输入窗口由图 2 - 12 所示变成图2 - 13 所示。

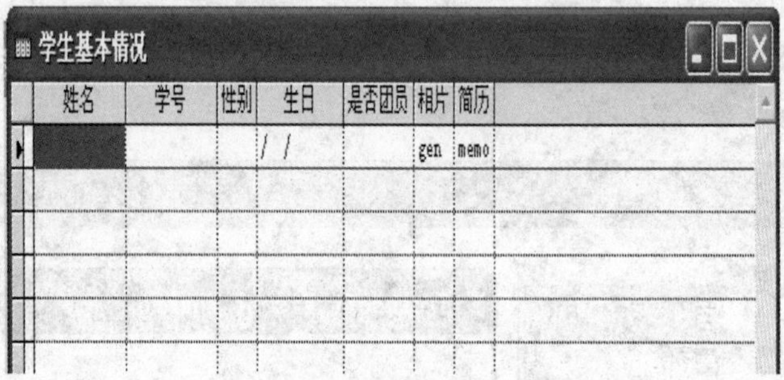

	姓名	学号	性别	生日	是否团员	相片	简历
▶				/ /		gen	memo

图 2 - 13

在图 2 - 13 中依次输入各同学的记录,输入完成后,如图 2 - 14 所示。

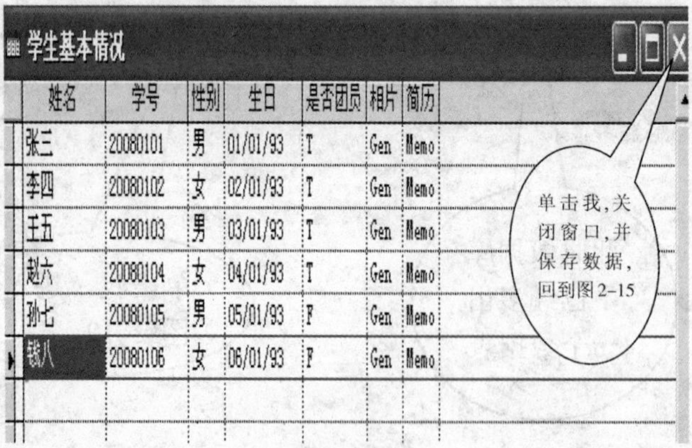

	姓名	学号	性别	生日	是否团员	相片	简历
	张三	20080101	男	01/01/93	T	Gen	Memo
	李四	20080102	女	02/01/93	T	Gen	Memo
	王五	20080103	男	03/01/93	T	Gen	Memo
	赵六	20080104	女	04/01/93	T	Gen	Memo
	孙七	20080105	男	05/01/93	F	Gen	Memo
▶	钱八	20080106	女	06/01/93	F	Gen	Memo

单击我,关闭窗口,并保存数据,回到图2-15

图 2 - 14

输入完成后，单击"关闭"按钮即可保存数据（如图2-14所示），并退出输入状态，回到数据库设计状态，如图2-15所示。

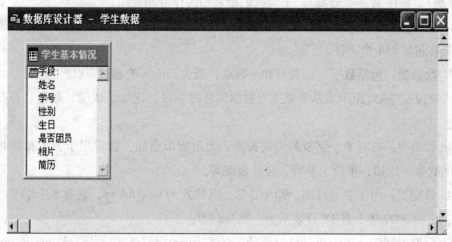

图2-15

【任务四】建立数据表（学生成绩表）

操作步骤和【任务三】相同。

第三部分　知识链接

【链接】数据与数据类型

1. 数据库：数据库由若干有关联的数据表组成。

2. 数据表：数据表是一些相关信息的集合，它以行和列的形式存放数据，每一列称为一个字段，每一行称为一条记录。

3. 自由表：在Visual Foxpro 6.0中有两种类型的表，上面讲了数据表，它是隶属于某个数据库的。还有一种表叫自由表，形式和数据表没有什么两样，区别在于"自由"，它不隶属于任何的数据库；当然数据表和自由表可以互相转换，我们可以用项目管理器的"添加"和"移去"功能把它们进行相互转换。

4. 字段：是同一类型数据的集合，是组成数据表的基本单位，相当于表的一列，字段有不同的数据类型，这个问题会在下一个问题中进行讲解。

5. 记录：每条记录由若干个字段组成，相当于表的一行。若干条记录便组成一个表。

Visual Foxpro 6.0的数据信息类型有多种，这样就要求我们在定义字段的时候对不同的数据信息进行区分。数据类型就能够起到这样的作用。

Visual Foxpro 6.0 中定义了 13 种数据类型，它们是：字段型、数值型、货币型、浮动型、日期型、日期时间型、双精度型、整型、逻辑型、备注型、通用型、字符型（二进制）、备注型（二进制）。下面我们把常用的作分别介绍：

1. 字符型：由英文字母、汉字、数字、空格、各种符号组成的字符串，其最大长度不能够超过 254 个字符。

2. 数值型：包括数字、正负号和小数点，最大长度不能超过 20 位（正负号、小数点都占一位）。通常用于表示需要进行数学运算的字段，比如，成绩、数量、身高、体重等。

3. 货币型：具有 8 个字节的固定长度，表示货币金额，通常用于表示和物品金额有关的数据，比如，单价、总额、合计金额等。

4. 日期型：用于表示日期，即年月日，其格式为 mm/dd/yy，它有 8 个字节的固定长度，比如 2009 年 5 月 18 日表示为：05/18/09。

5. 日期时间型：表示年月日时分秒，格式为 mm/dd/yy 时：分：秒 am 或 mm/dd/yy 时：分：秒 pm。

6. 逻辑型：它只有两种取值：真（.T.）、假（.F.），其占用 1 个字节的位置。通常用于表示只有两种状态的判断，比如，男和女、对和错、是与非、好与坏、成与败等。

7. 备注型：它和字符型的区别就是突破了字符型 254 个字符的限制。其有 4 位的固定长度，但是这 4 位不是它的真实内容，它只是一个指针，其真实的内容存放在一个以 FPT 为扩展名的文件中，在 FPT 文件中，可以存放任意长度的字符。具体操作是：双击该字段与每一条记录的交叉位置即可打开该 FPT 文件。需要注意的是：当把某一个字段定义为备注型以后，每一条记录的该字段都用 memo 表示，那么，哪个 memo 里面存放了内容呢？判断方法是：存放内容的 memo 第一个字母大写即 Memo。

8. 通用型：和备注型相似的地方是：4 位的固定长度，不存放真实的内容，也只是一个指针，也是存放在 FPT 文件中。不同的地方是通用型用来存放声音、图象、视频等信息。操作方法和备注型基本相似。判断该字段位置是否存放内容的方法是看 gen 的第一个字母是否大写即 Gen。

第四部分　实训项目

【实训一】根据教材中的操作步骤，完成项目二中的各项任务。

【实训二】在项目二中再完成以下三个任务。

（1）建立一个数据库，数据库文件名为：教师数据

（2）这个数据库中包括两个数据表，其中一个是教师工资表（见表 2 - 5）

（3）另一个数据表是教师基本情况表（见表 2 - 6）

表 2 - 5　　　　　　　　　　　教师工资　　　　　　　　　　　单位：元

姓名	编号	基本工资	津贴	奖金	应发工资	应扣合计	实领工资
张三	01	1987	486	69		234	
李四	02	1976	585	69		342	
王五	03	2975	384	68		123	
赵六	04	3978	678	64		523	
孙七	05	2998	289	66		45	
钱八	06	2975	695	69		356	

表 2 - 6　　　　　　　　　　　教师基本情况

姓名	编号	性别	生日	是否党员	相片	职称
张三	01	男	1973 年 1 月 1 日	是		
李四	02	女	1963 年 2 月 1 日	是		
王五	03	男	1973 年 3 月 1 日	是		
赵六	04	女	1983 年 4 月 1 日	是		
孙七	05	男	1973 年 5 月 1 日	否		
钱八	06	女	1963 年 6 月 1 日	否		

项目三 数据运算

第一部分 导言

【教学目的】

掌握在命令窗口中进行数据运算的基本方法，掌握 VF 中数据运算的基本知识。

【知识目标】

常量、变量、运算符、表达式、函数。

【能力目标】

根据实际问题需要设计相应的运算式。

第二部分 教学过程

【任务一】 使用常量

在命令窗口中使用以下命令，并依次观察其结果，记录下来。

(1) ? 12345 + 567432

结果_____

(2) ? 12345 − 45678

结果_____

(3) ? 12345 ∗ 3456/456 − 456

结果_____

(4) ? 234/0

结果_____

(5) ?" 123" + " 456"

结果_____

(6) ?" 123" − "456"

结果_____

(7) ?" 123" + " 南昌"

结果_____

（8）？ 123 + "南昌"

结果_____

（9）？ {^2009 - 10 - 17} - 10

结果_____

（10）？ {^2009 - 10 - 17} + 300

结果_____

（11）？ {^2009 - 10 - 17} - {^2009 - 10 - 01}

结果_____

（12）？ {^2009 - 10 - 17} + {^2009 - 10 - 01}

结果_____

（13）？ . t. + . f.

结果_____

（14）？ . t. and. f.

结果_____

（15）？ . t. or. f.

结果_____

（16）？ . t. and. t.

结果_____

（17）？ . t. or. t.

结果_____

（18）？ . f. and. f.

结果_____

（19）？ . f. or. f.

结果_____

（20）？ not. t.

结果_____

（21）？ not. f.

结果_____

【任务二】使用变量

在命令窗口中使用以下命令，并依次观察其结果，记录下来。

（1）　a = 123

　　　b = 234

　　　C = a + b

? a, b, c

结果_____

（2） a = 234

　　 b = 123

　　 a = b

　　 ? a, b

结果_____

（3） a = " visual"

　　 b = " foxpro"

　　 a = b

　　 ? a, b

结果_____

（4） a = " t123"

　　 B = " t456"

　　 C = a + b

　　 D = a + a

　　 C = b + b

　　 ? c, d

结果_____

（5） a = ｛^2009 - 10 - 17｝

　　 B = 16

　　 C = a + b

　　 D = a - b

　　 ? c, d

结果_____

【任务三】使用函数

在命令窗口中使用以下命令，并依次观察其结果，记录下来。

（1）? ABS（- 10）

结果_____

（2）? INT（12.6）

结果_____

（3）? ROUND（234.1245, 2）

结果_____

(4)? MAX（12，34，-67）

结果_____

(5)? MIN（23，45，-98）

结果_____

(6)? MOD（12，5）

　　? MOD（-12，5）

　　? MOD（12，-5）

　　? MOD（-12，-5）

结果_____

(7)? SQRT（16）

结果_____

(8)X="ABCD"

　　? ALLTRIM（X）

结果_____

(9)? AT（"BC"," ABCDBCEF"，2）

结果_____

(10)? LEN（"我是一个chinese学生"）

结果_____

(11)? substr（"abcdefgh"，5，2）

　　? substr（"abcdefgh"，5）

结果_____

(12)? left（"abcdef"，3）

结果_____

(13)? right（"abcdef"，3）

结果_____

(14)? DATE（）

结果_____

(15)? TIME（）

结果_____

(16)? DATETIME（）

结果_____

(17)dd={^2009-10-17}

　　? year（dd）

　　? month （dd）

　　? cmonth （dd）

　　? day （dd）

结果_____

（18） a = time （）

　　? hour （a）

　　? minute （a）

　　? sec （a）

结果_____

（19） ? str （34. 1234, 5, 2）

　　? str （34. 1234）

　　? val（"123"）

　　? val（"ab123"）

　　? val（"123ab"）

　　? val（"123ab12"）

结果_____

（20） ? UPPER（"abcSW"）

　　? LOWER（"abcSW"）

结果_____

【任务四】综合运用

在命令窗口中使用以下命令，并依次观察其结果，记录下来。

（1）? YEAR （DATE （）） +1000

结果_____

（2） ABC ="伟大祖国"

　　? SUBSTR （ABC, LEN （ABC） /2, 4）

结果_____

（3） M =3

　　N =8

　　K ="M + N"

　　? 1 + &K

结果_____

（4）? 1 >2 AND 3 >4 −5 ∗6

结果_____

（5）? NOT 3 > = 3

结果_____

（6）? 2 < = 2 AMD 2^3 > 7

结果_____

第三部分　知识链接

【链接一】认识常量

1. 定义：常量是指在程序运行过程中始终不变化的数据

2. 常见常量

（1）字符型常量：用定界符括起来的字符型串，定界符有三种：单引号、双引号、方括号。注意：如果某定界符是常量的一部分，我们应该选择其他定界符。

（2）数值型常量：可以是整数和实数。

（3）逻辑型常量：逻辑值真用 . T. 、. t. 、. Y. 或 . y. 表示，逻辑值假用 . F. 、. f. 、. N. 或 . n. 表示。

（4）日期型常量：必须用" ｛｝"括起来，例如：2009 年 9 月 26 日表示为 ｛^2009 - 09 - 26｝

（5）货币型常量：数字前必须加上货币符号" $ "，例如 $ 123.45。

【链接二】认识变量

变量是指在程序运行过程中可以变化的数据。变量包括：

（1）字段变量：字段变量对应于数据库文件中的字段，是在建立数据库文件时定义的。字段变量的作用域随数据库文件的打开而建立，随数据库文件的关闭而撤销。

（2）内存变量：内存变量是一种独立于数据库文件而存在的变量，是一种临时工作单元，使用时可以随时定义。内存变量的类型根据所存放的数据而定。

（3）系统变量：系统变量是 Visual Foxpro 系统自动建立的，用于处理 Visual Foxpro 内部作业和控制。系统变量有一个特点，就是以"_ "开头，如_ pageno 是存储页码的变量。

【链接三】认识运算符

（1）算术运算符：可以对数值型数据进行算术运算。分别为：

加法运算（ + ），减法运算（ - ），乘法运算（ * ），除法运算（/），乘方运算（^ 或 ** ），计算余数（% ），优先运算符（（））。

对特殊的几个进行举例说明：

计算余数：比如 15 % 6 的值为 3，乘方运算：比如 2^3 的值为 8。

（2）字符串运算符：用于字符串的连接或比较。运算符分别为：连接两个字符串（ + ）；连接两个字符串并把第一个字符串尾部的空格移动到第二个字符串的尾部（ - ）；判断第一个字符串是否为第二个字符串的子字符串（ $ ）。

例如：

　　A = "ljdk"

　　B = "ddd"

那么：

　　a + b = ljdk ddd

　　a - b = ljdkddd

　　"ljdk" $ "ddd" 的值为 . F.

（3）逻辑运算符：用来对逻辑型数据进行逻辑运算，从而形成简单的结果，起到简化逻辑表达式的作用。运算符为：与（. and. ）；或（. or. ）；非（. not. ）；分组符号（（ ））。

例如：5 > 3. and. 5 < 2 的结果是 . F.

（4）关系运算符：用于对象之间的比较运算。运算符有：大于（ > ）；小于（ < ）；等于（ = ）；小于等于（ < = ）；大于等于（ > = ）；不等于（ < > ）

例如：4 = 5 的值为 . F.

【链接四】认识表达式

表达式是指用运算符把常量，变量和函数连接起来的有意义的式子。Visual Fox-pro6. 0 中主要有以下几种：数值表达式、字符表达式、逻辑表达式、日期表达式、日期时间型、货币型。

表达式中的操作对象必须具有相同的数据类型，如果表达式中有不同类型的操作对象，则必须用相应的函数把它们转化为同一种数据类型的对象。

【链接五】认识函数

下面介绍在 Visual Foxpro 6. 0 中最常用的函数：

1. 数值运算函数

（1）绝对值函数

格式：ABS（ < 数值表达式 > ）

功能：返回 < 数值表达式 > 值的绝对值。

（2）取整函数

格式：INT（ < 数值表达式 > ）

功能：返回 < 数值表达式 > 的值的整数部分。

（3）四舍五入函数

格式：ROUND（＜数值表达式1＞，＜数值表达式2＞）

功能：对＜数值表达式1＞的值进行四舍五入。若＜数值表达式2＞的值大于等于零，则表示要保留的小数位数；若＜数值表达式2＞是负值，则表示整数部分四舍五入的位数。

（4）最大值函数

格式：MAX（＜表达式1＞，＜表达式2＞……）

功能：返回表达式中的最大值。

（5）最小值函数

格式：MIN（＜表达式1＞，＜表达式2＞……）

功能：返回表达式中的最小值。

（6）求余数函数

格式：MOD（＜数值表达式1＞，＜数值表达式2＞）

功能：返回＜数值表达式1＞除以＜数值表达式2＞所得的余数，＜数值表达式2＞不能为零。若＜数值表达式2＞为负数，则余数为负数。当＜数值表达式1＞和＜数值表达式2＞同号时，函数值是＜数值表达式1＞除以＜数值表达式2＞所得的余数；当＜数值表达式1＞和＜数值表达式2＞异号时，函数值是＜数值表达式2＞减去＜数值表达式1＞的绝对值除以＜数值表达式2＞的绝对值所得的余数。

（7）平方根函数

格式：SQRT（＜数值表达式＞）

功能：返回＜数值表达式＞的算术平方根。＜数值表达式＞的值必须大于或等于零。

2. 字符函数

（1）取消空格函数

格式：ALLTRIM（＜字符表达式＞）

功能：删除指定字符表达式的前后空格符，并返回删除空格符后的字符串。

（2）查找子串函数

格式：AT（＜字符表达式1＞，＜字符表达式2＞［，＜数值表达式＞］）

功能：在＜字符农达式2＞中查找＜字符表达式1＞第＜数值表达式＞次出现的位置。若找到，返回在＜字符表达式2＞中出现的位置；若找不到，函数值为0。函数值的类型为数值型。缺省＜数值表达式＞，则为第一次出现的位置。

（3）字符串长度函数

格式：LEN（＜字符表达式＞）

功能：返回字符表达式的长度。

（4）取子串函数

格式：SUBSTR（<字符表达式>，<数值表达式1>［，<数值表达式2>］）

功能：从字符串<字符表达式>中取子串，<数值表达式1>是指取子串的开始位置；<数值表达式2>是指截取子串的长度，如果缺省，则从<数值表达式1>开始到字符串<字符表达式>的最后一个字符。

（5）取左子串函数

格式：LEFT（<字符表达式>，<数值表达式>）

功能：从<字符表达式>的左边开始取子串，子串的长度由<数值表达式>决定。

（6）取右子串函数

格式：RIGHT（<字符表达式>，<数值表达式>）

功能：从<字符表达式>的右边开始取子串，子串的长度由<数值表达式>决定。

（7）空格函数

格式：SPACE（<数值表达式>）

功能：输出若干个空格，空格数由<数值表达式>决定。

（8）宏代换函数

格式：&<字符型内存变量>［.<字符表达式>］

功能：取得字符型内存变量的值。

说明：宏代换的作用范围是从符号"&"开始，遇到圆点符"."或空白为止。

3. 日期和时间函数

（1）系统日期函数

格式：DATE（）

功能：返回当前系统日期。

（2）系统时间函数

格式：TIME（［<数值表达式>］）

功能：返回当前系统时间。当包含<数值表达式>时，返回的时间精确到百分之几秒，<数值表达式>可以是任何值。

（3）系统日期时间函数

格式：DATETIME（）

功能：返回当前的日期和时间。

（4）年、月、日函数

格式：YEAR（<日期表达式>/<日期时间表达式>）

MONTH/CMONTH（<日期表达式>/<日期时间表达式>）

DAY（<日期表达式>/<日期时间表达式>）

功能：返回给定的日期表达式或日期时间表达式中的年份、月份和日期。函数值为数值型或字符型。

（5）求时、分、秒函数

格式：HOUR （＜日期时间表达式＞）

MINUTE （＜日期时间表达式＞）

SEC （＜日期时间表达式＞）

功能：返回给定日期时间表达式的小时、分或秒。函数值为数值型或字符型。

4. 转换函数

（1）字母大小写转换函数

格式：UPPER/LOWER （＜字符表达式＞）

功能：UPPER 函数将＜字符表达式＞中的字母转换成大写字母；LOWER 函数将＜字符表达式＞中的字母转换成小写字母。返回值为字符型。

（2）数值型与字符型转换函数

格式：STR （＜数值表达式1＞ ［，＜数值表达式2＞ ［，＜数值表达式3＞］］）

VAL （＜字符表达式＞）

功能：STR 函数是将数值型转换成字符型。＜数值表达式2＞是转换的长度，缺省时转换整个长度；＜数值表达式3＞是指定转换的小数位数，缺省时不转换小数位。

VAL 函数是将字符型转换成数值型。转换部分是从第一个数字字符开始到非数字字符为止的数字串，小数位默认为2。

（3）日期型与字符型的转换函数

格式：CTOD （＜字符表达式＞）

DTOC （＜日期表达式＞ ［，1］）

功能：CTOD 函数是将字符型转换成日期型；DTOC 函数是将日期型转换成字符型，加参数1，则输出格式转换成年、月、日，年份4位。

（4）字母与ASCⅡ的转换函数

格式：ASC （＜字符表达式＞）

CHR （＜数值表达式＞）

功能：ASC 函数是返回＜字符表达式＞中的首字符的 ASCⅡ 码；CHR 函数是把＜数值表达式＞的值转换成相应 ASCⅡ 码的字母。

5. 其他函数

（1）空函数

格式：EMPTY （＜表达式＞）

功能：当＜表达式＞为空时，返回函数值 . T . ，否则返回 . F . 。表达式可以是字符型、数值型、逻辑型、日期型、备注型和通用型。

（2）数据类型测试函数

格式：TYPE（＜字符表达式＞）

功能：返回＜字符表达式＞的类型。

说明：参数必须是字符型的。

（3）文件测试函数

格式：FILE（＜字符表达式＞）

功能：测试指定的文件是否存在，如果存在，则返回 . T. ；否则返回 . F. 。文件名必须包含扩展名。

第四部分　实训项目

【实训】在命令窗口中完成本项目中所有的任务。

项目四　管理数据库、数据表

第一部分　导言

【教学目的】

掌握打开、关闭、维护数据库的知识；掌握打开、关闭、维护数据表的知识。

【知识目标】

表设计器、数据库设计器、create 命令、use 命令、browse 命令、modi stru 命令、append 命令、delete 命令、recall 命令、pack 命令、zap 命令、replace… with 命令、lo-cate… for 命令、index 命令。

【能力目标】

能根据实际问题需要对数据库、数据表进行相应的操作。

第二部分　教学过程

【任务一】 建立"学籍"数据库

【步骤一】 在 E 盘建立一个文件夹，它的名称为：项目四。

此文件夹用来存储开发过程中所形成的文件，也就是本项目在开发过程中所有文件都保存在该文件夹中。

【步骤二】 参照项目二建立一个项目管理器，它的名称为：学生数据。

此文件用来管理开发过程中所需要的文件。项目管理器文件本身也是保存在上面所建的文件夹中。

【步骤三】 参照前面所学的知识创建一个数据库，它的名称为：学籍。

此数据库用来管理学生、成绩、课程三张数据表，以及实现建立表间关系等功能。

【任务二】 分别创建"学生"、"成绩"和"课程"三张数据表

【步骤一】 在命令窗口中输入 create 命令，如图 4 - 1 所示。

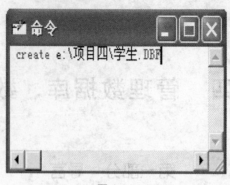

图 4 – 1

按回车键表示执行该条命令，可弹出如图 4 – 2 所示。

图 4 – 2

【步骤二】设计"学生"表的结构和输入数据，如图 4 – 3 所示。

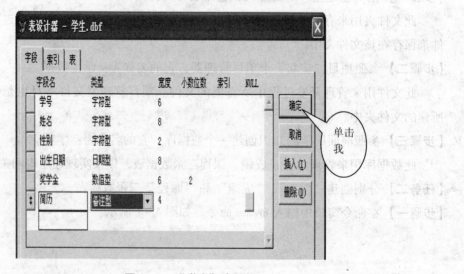

图 4 – 3a "学生"表结构

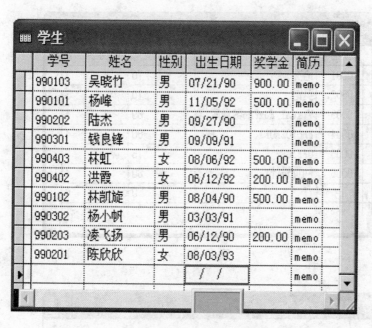

图 4 –3b "学生" 表数据

【步骤三】再按同样的方法创建"课程"表和"成绩"表，具体信息如图 4 – 4 所示。

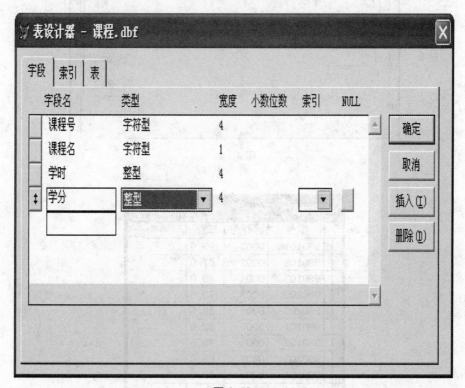

图 4 –4a

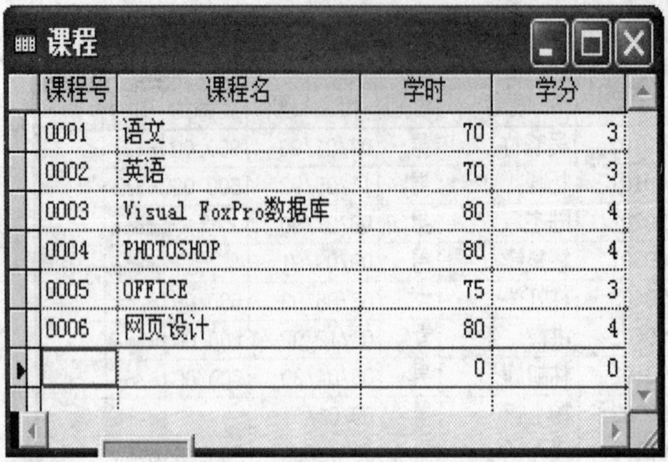
课程

课程号	课程名	学时	学分
0001	语文	70	3
0002	英语	70	3
0003	Visual FoxPro数据库	80	4
0004	PHOTOSHOP	80	4
0005	OFFICE	75	3
0006	网页设计	80	4
		0	0

图 4－4b

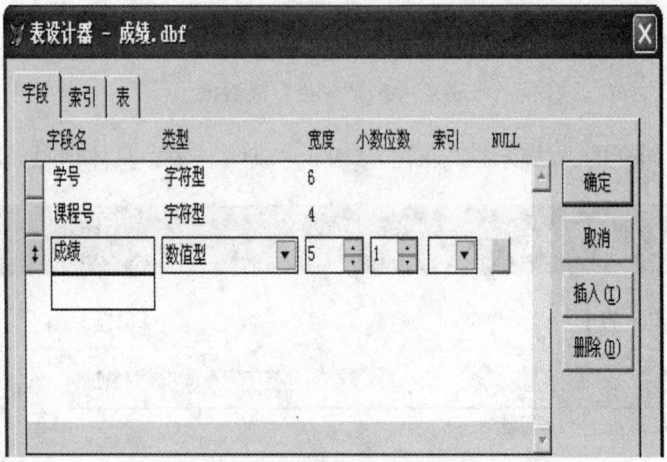

图 4－4c

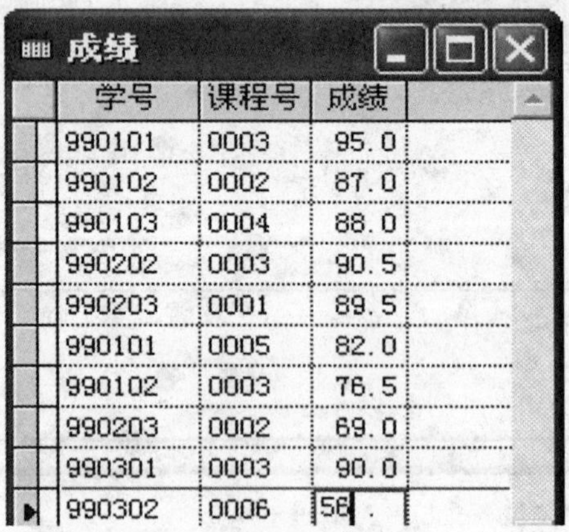
成绩

学号	课程号	成绩
990101	0003	95.0
990102	0002	87.0
990103	0004	88.0
990202	0003	90.5
990203	0001	89.5
990101	0005	82.0
990102	0003	76.5
990203	0002	69.0
990301	0003	90.0
990302	0006	56 .

图 4－4d

【任务三】数据库的管理

【步骤一】选择"文件"菜单下的"打开"命令，弹出如图4-5所示对话框。

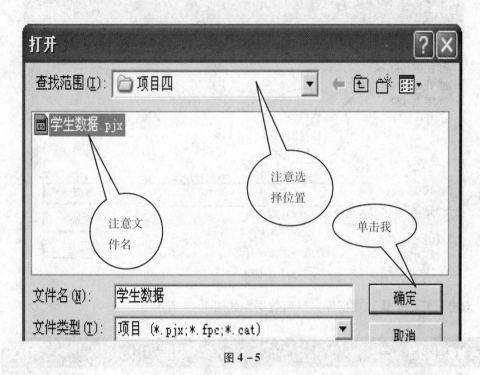

图4-5

【步骤二】选中"学籍"数据库中的"表"，单击"添加"，如图4-6所示。

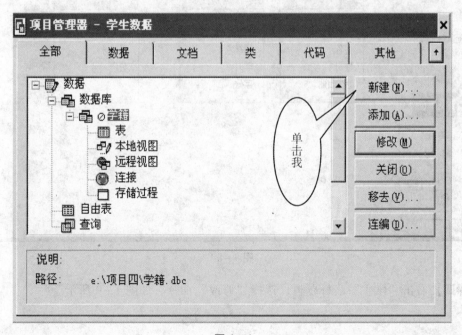

图4-6

【步骤三】依次添加"学生"、"课程"和"成绩"表，如图 4-7 所示。

图 4-7

双击打开"学籍"数据库，最后数据库如图 4-8 所示。

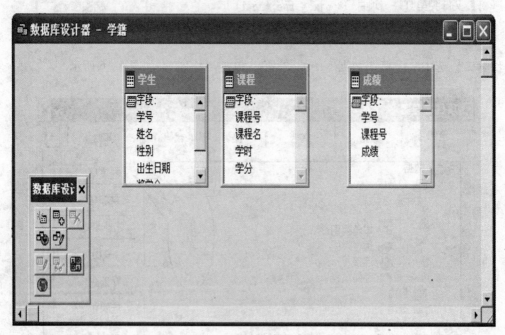

图 4-8

【步骤四】右击"学生"表标题栏，选择"修改"命令，如图 4-9 所示。

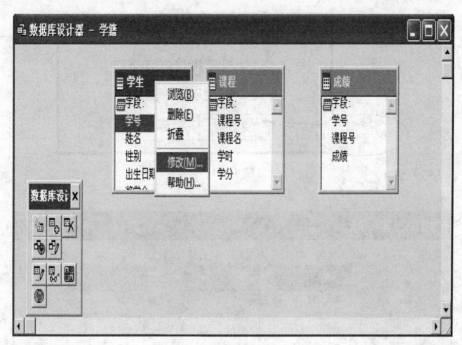

图 4 – 9

【步骤五】选择"索引"选项卡，为"学生"表创建"学号"主索引，如图 4 – 10 至图 4 – 12 所示。

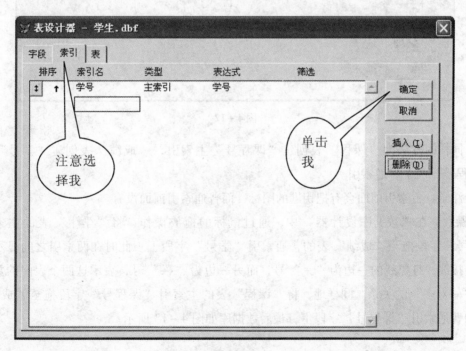

图 4 – 10

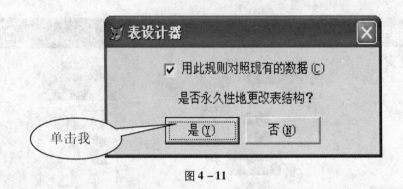

图 4 – 11

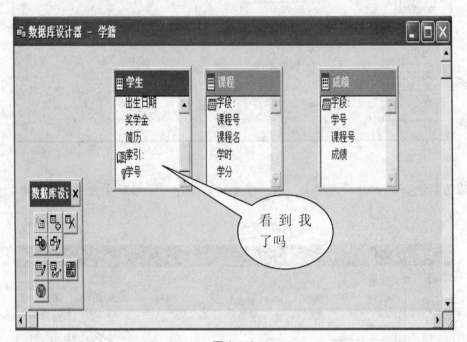

图 4 – 12

同样的方法为"课程"表创建"课程号"主索引，"成绩"表创建"学号"和"课程号"两个普通索引。

注意：主索引前面会有把钥匙的图标，而普通索引前面没有。

【步骤六】 在"数据库设计器"中，通过鼠标的拖放操作，将"学生"表的主索引"学号"字段拖至"成绩"表的普通索引"学号"字段上。此时在两索引之间显示一条连接线，且黑线的一边为"+"号，而另一边为"←"号，表示这两个表间的关系为"一对多"的关系。同样地，将"课程"表的主索引"课程号"字段拖至"成绩"表的普通索引"课程号"字段上，最后数据库如图 4 – 13 所示。

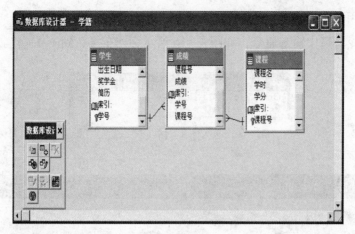

图 4 – 13

注：若要删除表间的永久性关联，则可在"数据库设计器"中，用鼠标单击连接线条变粗（说明已被选中），再按键盘的 DELETE 键即可。

【**任务四**】使用命令打开、浏览和关闭一张表

【**步骤**】在命令窗口中输入命令，如图 4 – 14 所示。

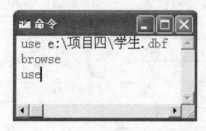

图 4 – 14

use e：\ 项目四 \ 学生 . dbf && 打开"学生"表

browse && 浏览"学生"表信息，可看到图 4 – 15

use && 关闭当前正在使用的"学生"表，图 4 – 15 消失

	学号	姓名	性别	出生日期	奖学金	简历
	990103	吴晓竹	男	07/21/90	900.00	memo
	990101	杨峰	男	11/05/92	500.00	memo
	990202	陆杰	男	09/27/90		memo
	990301	钱良锋	男	09/09/91		memo
	990403	林虹	女	08/06/92	500.00	memo
	990402	洪霞	女	06/12/92	200.00	memo
	990102	林凯旋	男	08/04/90	500.00	memo
	990302	杨小帆	男	03/03/91		memo
	990203	凌飞扬	男	06/12/90		memo
	990201	陈欣欣	女	08/03/93		memo

图 4 – 15

【任务五】 使用 MODI STRU 命令修改表结构

【步骤】 在命令窗口中输入命令，如图 4 - 16 所示，回车可看到图 4 - 17。

图 4 - 16

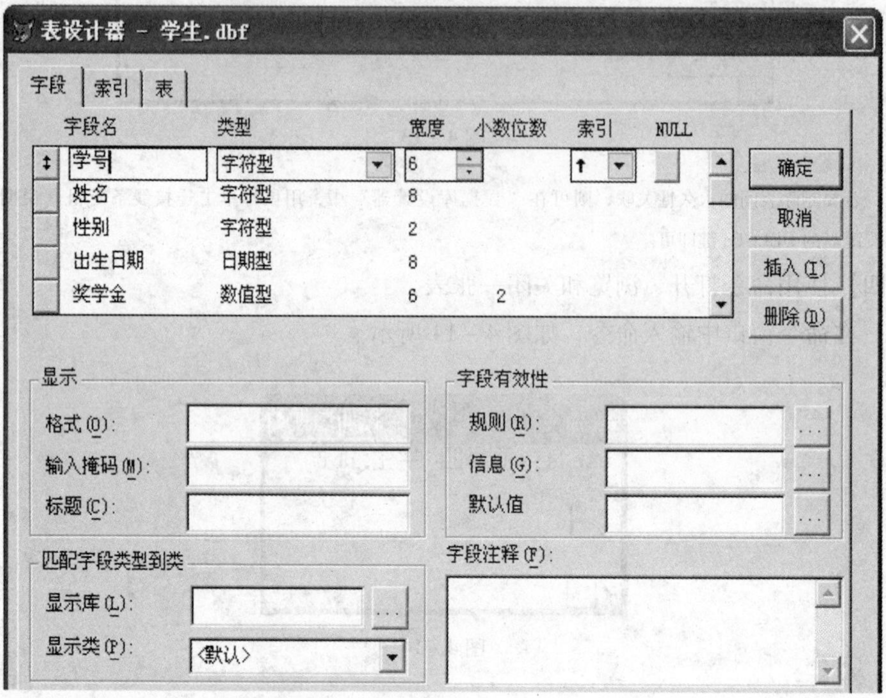

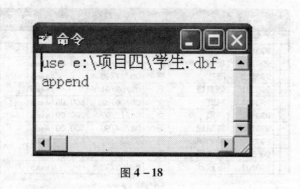

图 4 - 17

【任务六】 使用 APPEND 命令向表中追加记录

【步骤】 在命令窗口中输入命令，如图 4 - 18 所示。

图 4 - 18

打开浏览窗口，添加新记录，如图 4 - 19 所示。

图 4 - 19

【任务七】使用命令对表中的记录进行删除与恢复

记录的删除分为"逻辑删除"和"物理删除"两种。为了保证数据记录的安全性，在 Visual FoxPro 中一般进行的删除是"逻辑删除"，也就是说当执行删除命令或进行删除操作时，系统只是为被删除的记录做 1 个删除标记，而记录本身仍然存在。这样在以后使用过程中如果需要，还可以将这些做了删除标记的记录恢复出来。如果这些记录的确已经不再有用了，再执行"物理删除"命令将这些记录彻底清除掉。

1. 记录的逻辑删除命令（delete）

【步骤一】打开"学生"表，在命令窗口中输入如下命令，可对表中的第三条记录作删除标记，但该记录仍然存在，执行结果如图 4 - 20 所示。

use e：\ 项目四 \ 学生 . dbf　　&& 打开"学生"表

go　3　　　　　　　　　&& 记录指针指向第三条记录

delete　　　　　　　　　&& 将当前记录作删除标记

browse　　　　　　　　　&& 显示表中的所有记录

2. 恢复被删除的记录（recall）

【步骤二】前面已经说过，被逻辑删除的记录是可以恢复的，在命令窗口中输入如下命令，删除标记被取消，执行结果如图 4 - 21 所示。

use e：\ 项目四 \ 学生 . dbf　　&& 打开"学生"表

recall all　　　　　　　&& 将所有做了删除标记的记录全部恢复

browse　　　　　　　　　&& 显示表中的所有记录

3. 记录的物理删除（pack）

本命令只能作用于已经做了"删除标记"的记录，而且一旦进行了物理删除，那么就再也不能恢复了。

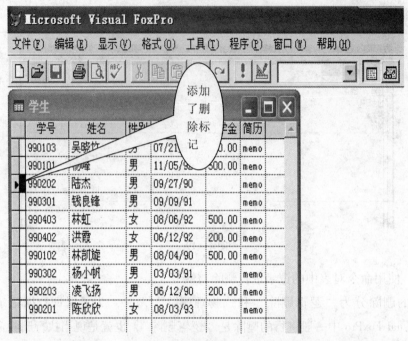

图 4 - 20

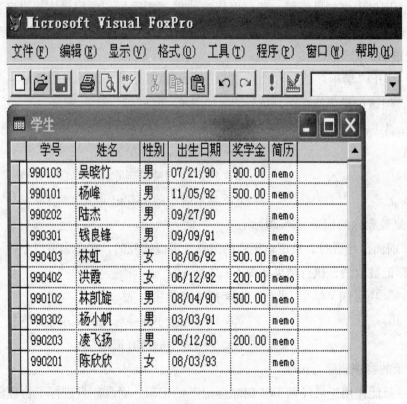

图 4 - 21

【步骤三】在命令窗口中输入如下命令，执行结果如图 4 – 22 所示。

```
use e：\ 项目四 \ 学生 . dbf        && 打开"学生"表
go   3                          && 记录指针指向第三条记录
delete                          && 将当前记录作删除标记
pack                            && 将作了删除标记的记录做物理删除
browse
```

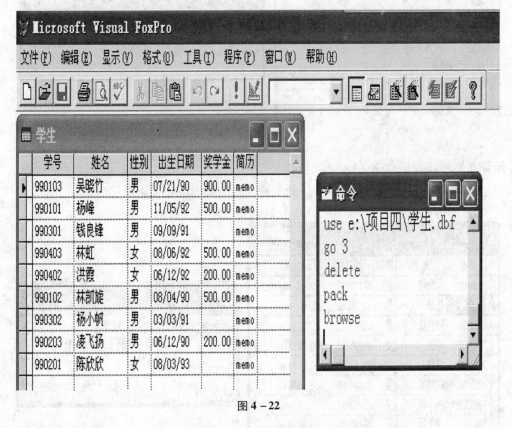

图 4 – 22

注意：原"学生"表的第三条记录"990202 陆杰"的信息已被删除。

4. 记录清除命令（zap）

【步骤四】此命令是将表中所有记录进行物理删除，无论其是否做了删除标记。执行后，数据表只保留表结构。具体操作可复制一张表然后使用 zap 命令实践一下。

【任务八】表数据的替换命令（replace… with…）

通常情况下，当数据量比较大时，例如要为所有得了奖学金同学的奖学金统一加100 元，没有得的同学奖学金仍然为 0。用替换命令就可以很容易地实现这样的操作。命令和执行结果如图 4 – 23 所示。

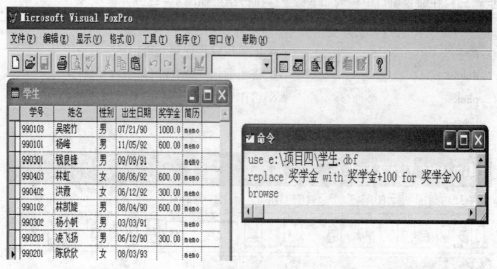

图 4 – 23

【任务九】顺序查找命令（locate… for…）

例如要查找获得奖学金的学生，命令和执行结果如图 4 – 24 所示。

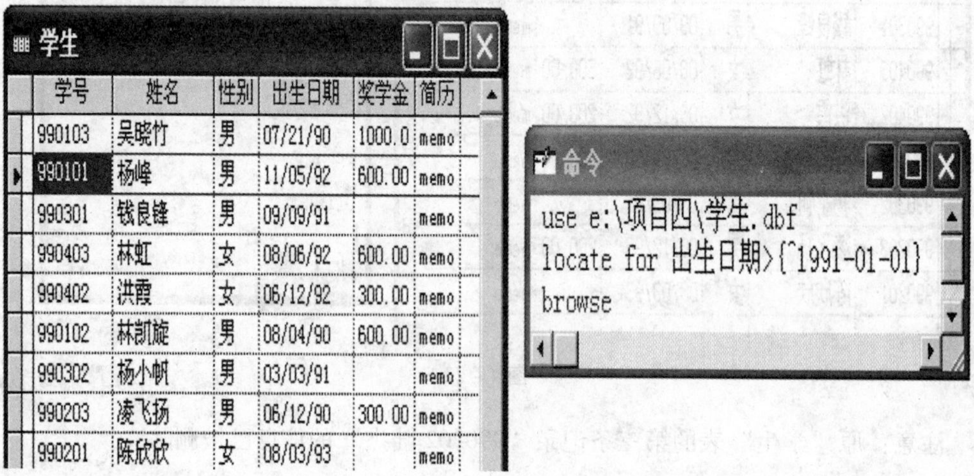

图 4 – 24

此时，表中的指针指向符合条件的第一条记录，即"学生"表中出生日期在 1991 年以后的第一记录为 990101 杨峰同学。

【任务十】创建索引（index）

为"学生"表创建"学号"索引，在命令窗口中输入命令，执行结果如图 4 – 25 所示。

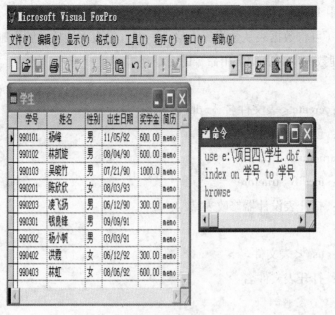

图 4 – 25

此时，"学生"表中所有的记录按照"学号"升序排序。

第三部分 知识链接

【链接一】 数据库设计器

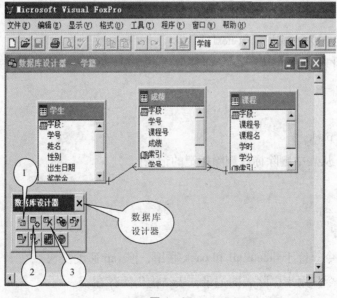

图 4 – 26

图 4-26 中 1 为在数据库中新建数据表，2 为在数据库中添加表，3 为将数据库中的数据表删除（可将数据表从数据库中移去，也可将表直接从电脑中删除）。

【链接二】管理数据库、表的常用命令的命令格式

1. create

命令格式：create < 表文件名 ［. dbf］ >

命令功能：创建表文件。

2. modify structure

命令格式：modify structure

命令功能：打开表设计器修改表结构。

3. use

命令格式：use < 表文件名 >

命令功能：打开表文件名。

4. browse

命令格式：browse

命令功能：对表中的数据进行浏览。

5. delete

命令格式：delete ［ < 范围 > ］［for < 条件 > ］［while < 条件 > ］

命令说明：对符合条件的记录添加删除标记。

6. recall

命令格式：recall ［ < 范围 > ］［for < 条件 > ］［while < 条件 > ］

命令功能：

（1）默认范围为当前记录（next1）。

（2）一旦对表文件使用了 pack 命令或 zap 命令，带删除标记的记录将永远消失，无法恢复。

7. pack

命令格式：pack

命令功能：从表中删除标有删除标记的记录。

8. zap

命令格式：zap

命令功能：

（1）zap 命令等价于 delete all 和 pack 联用，但 zap 速度更快。

（2）zap 命令只用来删除表的记录，表结构仍然存在。

9. append

命令格式：append［blank］

参数说明：在当前表的末尾增加一条空白记录，使用该选项，不会打开浏览窗口。

10. replace… with

命令格式：

replace［＜范围＞］＜字段名1＞with＜表达式1＞［additive］［，＜字段名2＞with＜表达式2＞［for＜条件＞］［while＜条件＞］

参数说明：

（1）＜字段名1＞with＜表达式1＞［additive］［，＜字段名2＞with＜表达式2＞：指定用＜表达式1＞的值来代替＜字段名1＞中的数据，用＜表达式2＞的值来代替＜字段名2＞中的数据，依次类推。

（2）for/while仅对指定条件的记录操作。

（3）replace命令的默认范围是当前记录。

11. locate… for

命令格式：locate… for＜条件＞［while＜条件＞］［＜范围＞］

命令功能：按顺序搜索表，找到满足条件的第一个记录。

12. index

命令格式：index on＜索引表达式＞to＜索引名＞

命令功能：为表创建索引。

第四部分　实训项目

【实训】完成本项目中的所有操作。

项目五　程序设计

第一部分　导言

【教学目的】

掌握新建程序文件、运行程序文件的基本方法；掌握设计程序的三种基本结构。

【知识目标】

注释语句、IF－ELSE－ENDIF 语句、FOR－ENDFOR 语句、DO WHILE－ENDDO 语句、SCAN—ENDSCAN 语句。

【能力目标】

能编写程序解决简单问题。

第二部分　教学过程

【任务一】

（1）在 E 盘上新建文件夹项目五。

（2）新建项目管理器，文件名为结构化程序设计，并将它保存到项目五这个文件夹中（见图 5-1）。

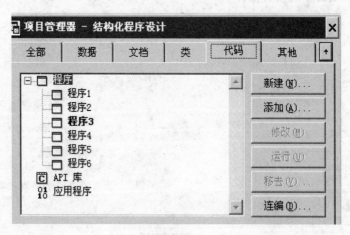

图 5-1

【任务二】计算 $1+3+5+7+9+\cdots+99$ 的值并输出（代码见图 5-2）。

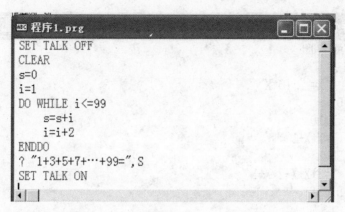

图 5-2

【任务三】求 1000 之内所有偶数之和（代码见图 5-3）。

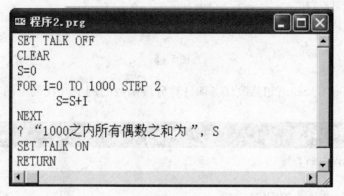

图 5-3

【任务四】从键盘输入一个正整数，判断其是否为偶数（代码见图 5-4）。

程序代码如下：

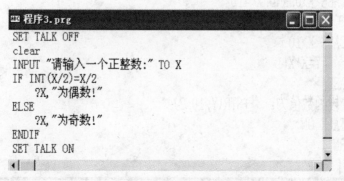

图 5-4

【任务五】根据键入 X 的值，计算下面分段函数的值，并显示结果（代码见图5－5）。

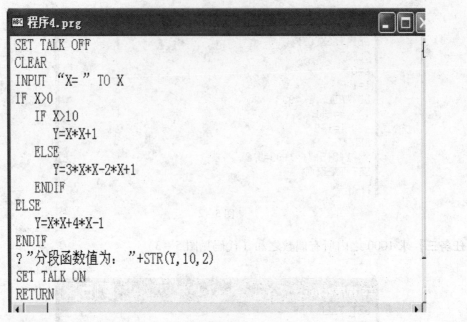

```
程序4.prg
SET TALK OFF
CLEAR
INPUT "X= " TO X
IF X>0
    IF X>10
        Y=X*X+1
    ELSE
        Y=3*X*X-2*X+1
    ENDIF
ELSE
    Y=X*X+4*X-1
ENDIF
?"分段函数值为："+STR(Y,10,2)
SET TALK ON
RETURN
```

图 5－5

【任务六】用 DO CASE 语句修改任务四计算分段函数的例子（代码见图 5－6）。

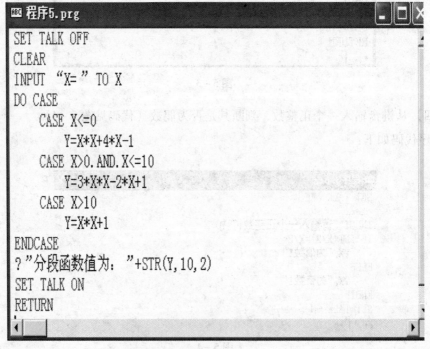

```
程序5.prg
SET TALK OFF
CLEAR
INPUT "X= " TO X
DO CASE
    CASE X<=0
        Y=X*X+4*X-1
    CASE X>0.AND.X<=10
        Y=3*X*X-2*X+1
    CASE X>10
        Y=X*X+1
ENDCASE
?"分段函数值为："+STR(Y,10,2)
SET TALK ON
RETURN
```

图 5－6

【任务七】统计项目二中的学生基本情况数据表中男生和女生的人数（代码见图5-7）。

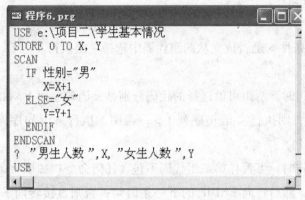

```
USE e:\项目二\学生基本情况
STORE 0 TO X, Y
SCAN
  IF 性别="男"
      X=X+1
  ELSE="女"
      Y=Y+1
  ENDIF
ENDSCAN
? "男生人数", X, "女生人数", Y
USE
```

图 5-7

第三部分 知识链接

【链接一】程序的基本概念

程序：是指能够完成一定任务的命令的有序集合。

程序的建立："文件"菜单中选择"新建"命令，然后在"新建"对话框中选择"程序"单选按钮，并单击"新建文件"命令按钮。在文本编辑窗口中输入程序内容。也可以在项目管理器中完成这个功能。

程序的执行："程序"菜单中选择"运行"命令，打开"运行"对话框。从文件列表框中选择要运行的程序文件，并单击"运行"命令按钮。也可以在项目管理器中完成这个功能。

程序结构：是指程序中命令或语句执行的流程结构。它包含三种基本结构，分别是：顺序结构、选择结构、循环结构。

【链接二】顺序结构

顺序结构的程序运行时按照语句排列的先后顺序，一条接一条地依次执行，它是程序中最基本的结构。

【链接三】选择结构

支持选择结构的语句包括条件语句和分支语句。

（1）条件语句

语句格式：

IF <条件>

　　<语句序列1>

　［ ELSE

　　＜语句序列 2 ＞ ］

ENDIF

该语句根据＜条件＞是否成立从两组代码中选择一组执行。

功能注释：

①有 ELSE 子句时，两组可供选择的代码分别是＜语句序列 1 ＞和＜语句序列 2 ＞。如果＜条件＞成立，则执行＜语句序列 1 ＞；否则，执行＜语句序列 2 ＞。然后转向 ENDIF 的下一条语句。

②无 ELSE 子句时，可看作第二组代码不包含任何命令。如果＜条件＞成立，则执行＜语句序列 1 ＞，然后转向 ENDIF 的下一条语句；否则直接转向 ENDIF 的下一条语句去执行。

③IF 和 ENDIF 必须成对出现，IF 是本结构的入口，ENDIF 是本结构的出口。

④条件语句可以嵌套，便不能出现交叉。

（2）分支语句

语句格式：

DO CASE

CASE ＜条件 1 ＞

＜语句序列 2 ＞

CASE ＜条件 2 ＞

＜语句序列 1 ＞

……

CASE ＜条件 n ＞

＜语句序列 n ＞

［ OTHERWISE

＜语句序列 ＞］

ENDCASE

功能注释：

①不管有几个 CASE 条件成立，只有最先成立的那个 CASE 条件的对应命令序列被执行。

②如果所有 CASE 条件都不成立，且没有 OTHERWISE 子句，则跳出本结构。

③DO CASE 和 ENDCASE 必须成对出现，DO CASE 是本结构的入口，ENDCASE 是本结构的出口。

【链接四】循环结构

Visual FoxPro 支持循环结构的语句包括 DO WHILE – ENDDO、FOR – ENDFOR 和 SCAN – ENDSCAN 语句。

（1）DO WHILE – ENDDO 语句

语句格式：

DO WHILE ＜条件＞

  ＜语句序列 1＞

  ［LOOP］

  ＜语句序列 2＞

  ［EXIT］

 ＜语句序列 3＞

ENDDO 。

功能注释：

①如果第一次判断条件时，条件即为假，则循环体一次都不执行。

②如果循环体包含 LOOP 命令，那么当遇到 LOOP 时，就结束循环体的本次执行，不再执行其后面的语句，而是转回 DO WHILE 处重新判断条件。

③如果循环体包含 EXIT 命令，那么当遇到 EXIT 时，就结束该语句的执行，转去执行 ENDDO 后面的语句。

④通常 LOOP 或 EXIT 出现在循环体内嵌套的选择语句中，根据条件来决定是 LOOP 回去，还是 EXIT 退出。

（2）FOR – ENDFOR 语句

该语句通常用于实现循环次数已知情况下的循环结构。

语句格式：

FOR ＜循环变量＞ = ＜初值＞ TO ＜终值＞［STEP ＜步长＞］＜循环体＞

ENDFOR｜NEXT

功能注释：

①＜步长＞的默认值为 1。

②＜初值＞、＜终值＞和＜步长＞都可以是数值表达式。但这些表达式仅在循环语句执行开始时被计算一次。在循环语句的执行过程中，初值、终值和步长是不会改变的。

③可以在循环体内改变循环变量值，但这会影响循环体的执行次数。

④EXIT 和 LOOP 命令同样可以出现在该循环语句的循环体内。当执行到 LOOP 命令时，结束循环体的本次执行，然后循环变量增加一个步长值，并再判断循环条件是

否成立。

（3）SCAN – ENDSCAN 语句

该循环语句一般用于处理表中记录。语句可指明需处理的记录范围及应满足的条件。

语句格式：

SCAN［＜范围＞］［FOR ＜条件1＞］［WHILE ＜条件2＞］

＜循环体＞

ENDSCAN

功能注释：

①＜范围＞的默认是 ALL。

②EXIT 和 LOOP 命令同样可以出现在该循环语句的循环体内。

【链接五】结构化程序设计基础

程序的书写规则：

命令分行：命令都以回车键结尾，一行只能写一条命令，若写不下，可在未写完的本行末尾添加一个分号";"作为下一行的继行标志。

程序注释语句　NOTE/＊：对程序的结构或功能进行注释。

程序执行时将跨过注释语句，不作任何操作。

语句注释　&&：在语句行末尾注释，对当前语句进行说明。

程序执行时，对 && 后面的注释不作任何操作。

【链接六】程序交互式命令

1. 数据接收语句　INPUT

格式：INPUT　　［＜字符表达式＞］　　TO＜内存变量＞

功能：将键盘输入的数据赋给由＜内存变量＞指定的内存变量

注：从键盘输入的数据可以是常量、变量或表达式，数据类型可以是除备注型和通用型外的所有类型。

2. 字符串接收语句　ACCEPT

格式：ACCEPT［＜字符表达式＞］　　TO＜内存变量＞

功能：将键盘输入的数据赋给由＜内存变量＞指定的内存变量。

注：从键盘输入的数据只能是字符型常量。

3. 单字符接收语句　WAIT

格式：WAIT［＜字符表达式＞］　　TO［＜内存变量＞］

　　　［WINDOW［AT＜行坐标，列坐标＞］］［NOWAIT］

　　　［NOCLEAR］［TIMEOUT＜秒数＞］

功能：将键盘输入的数据赋给由 < 内存变量 > 指定的内存变量。

注：从键盘输入的数据只能是一个单字符常量。

4. ? 换行输出语句：

格式:? 〔 < 表达式列表 > 〕

功能：分别计算表达式列表的值，并将表达式列表的值输出在 VFP 主窗口的当前光标的下一行。< 表达式列表 > 中，各表达式以逗号分隔。

5. ?? 同行输出语句：

格式:?? 〔 < 表达式列表 > 〕

功能：分别计算表达式列表的值，并将表达式列表的值输出在 VFP 主窗口的当前光标所在行、列的后面。

【链接七】程序调试语句

中断语句　CANCEL

　　　　　中断当前程序运行，并返回到系统命令窗口。

挂起语句　SUSPEND

　　　　　暂停当前程序运行。它只是使程序挂起，通过 RESUME 语句可以使程序继续执行。

恢复执行语句　RESUME

　　　　　恢复被 SUSPEND 挂起的程序，从暂停的位置继续执行。

【链接八】程序中的专用语句

RETURN（返回到调用行的下一行，无上级程序则返回到命令窗口）。

RETRY（返回到调用行本身，可以实现程序的重复调用）。

CANCEL（中断，异常结束，并返回到系统命令窗口）。

QUIT（退出 VFP，返回到操作系统，并自动删去磁盘中的临时文件）。

第四部分　实训项目

【实训一】用 do while—enddo 语句编写程序计算：$1 + 2 + \cdots + 100$

【实训二】用 for—endfor 语句编写程序计算：$1 + 2 + \cdots + 100$

【实训三】用 do while—enddo 语句编写程序计算：$2 + 4 + \cdots + 100$

【实训四】用 for—endfor 语句编写程序计算：$2 + 4 + \cdots + 100$

【实训五】计算：$1! + 2! + \cdots + 10!$

【实训六】计算：$1! + 3! + \cdots + 9!$

【实训七】编制一个查询学生情况的程序。要求根据给定的学号找出来并显示学生的姓

名及各门功课的成绩

【**实训八**】找出 100 ～ 999 之间的所有"水仙花数"。所谓"水仙花数"是指一个三位数，其各位数字的立方和等于该数本身（如 $153 = 1^3 + 5^3 + 3^3$）

【**实训九**】输出九九乘法表

项目六　学生档案管理系统

第一部分　导言

【教学目的】

　　进一步掌握用 Visual Foxpro 开发一个软件的基本过程，进一步掌握面向对象的程序设计方法。

【知识目标】

　　面向对象的程序设计方法。

【能力目标】

　　给对象添加代码。

第二部分　开发过程

【步骤一】 在 E 盘建立一个文件夹，它的名称为项目六。

　　此文件夹用来存储开发过程中所形成的文件，也就是在开发过程中所有文件都保存在该文件夹中。

【步骤二】 建立一个项目管理器文件，它的名称为：学生档案管理系统。

　　此文件用来管理开发过程中所需要的文件。项目管理器文件本身也是保存在上面所建的文件夹中（见图 6-1）。

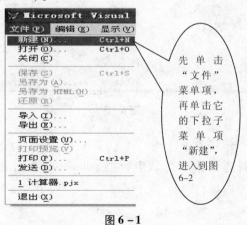

图 6-1

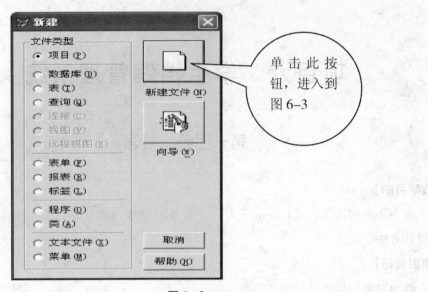

图 6-2

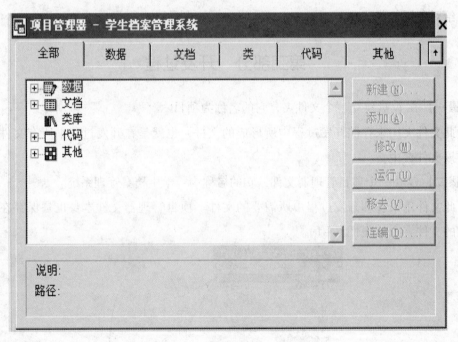

图 6-3

【步骤三】新建数据库和数据表。

　　在项目管理器中新建数据库（学生数据.dbc）和数据表（学生基本情况见表6-1），具体操作步骤参照项目二。

表6-1			学生基本情况				
姓名	学号	性别	生日	是否团员	相片		简历
张三	20080101	男	1993年1月1日	是			一年级任组长，二年级任学习委员，三年级任组长
李四	20080102	女	1993年2月1日	是			一年级任组长，二年级任劳动委员，三年级任组长
王五	20080103	男	1993年3月1日	是			一年级任组长，二年级任文娱委员，三年级任班长
赵六	20080104	女	1993年4月1日	是			一年级任班长，二年级任纪律委员，三年级任组长
孙七	20080105	男	1993年5月1日	否			一年级任班长，二年级任生活委员，三年级任班长
钱八	20080106	女	1993年6月1日	否			一年级任组长，二年级任体育委员，三年级任班长

【步骤四】新建主表单。

（1）用向导生成表单（学生基本情况 . scx）（见图6-4、图6-5）

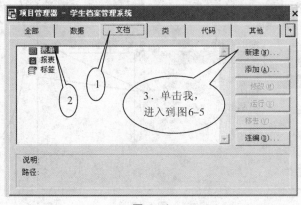

图 6-4

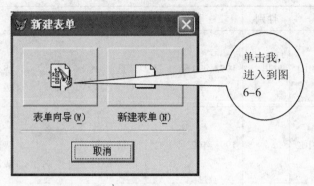

图 6 – 5

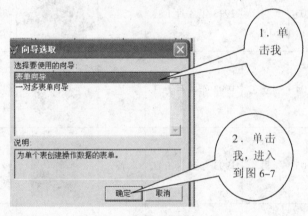

图 6 – 6

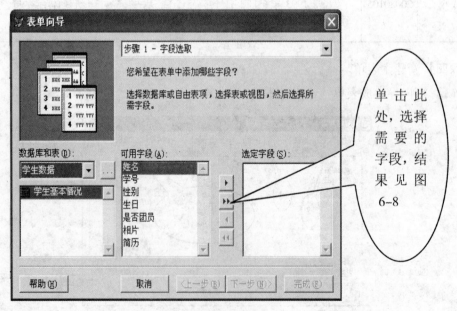

图 6 – 7

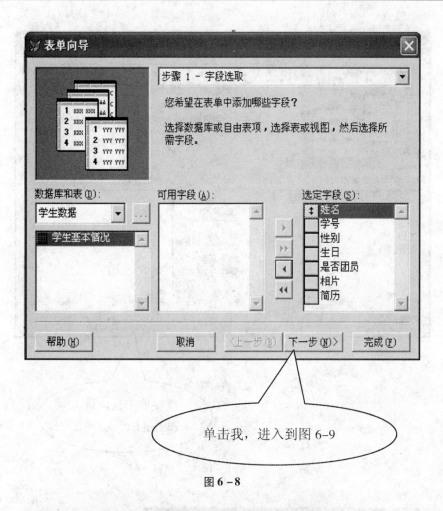

图 6 – 8

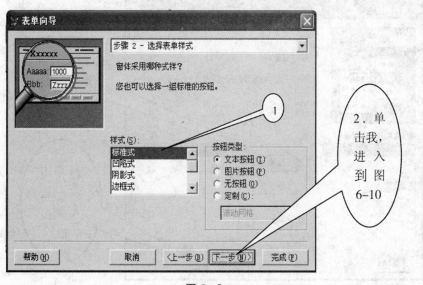

图 6 – 9

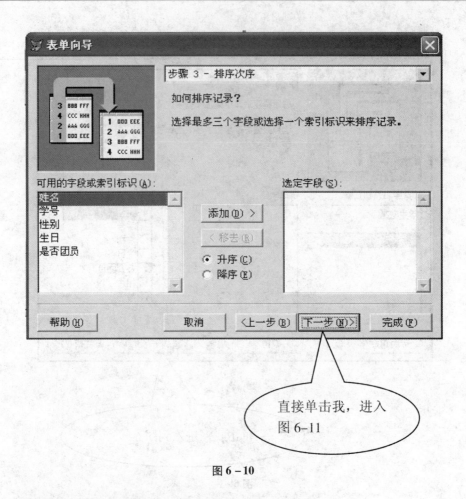

图 6 – 10

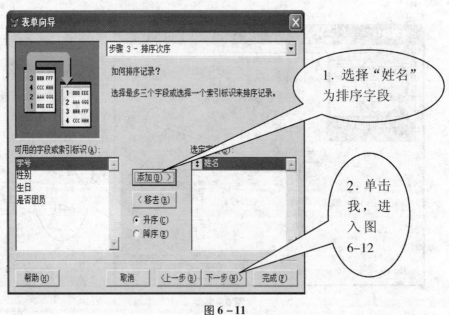

图 6 – 11

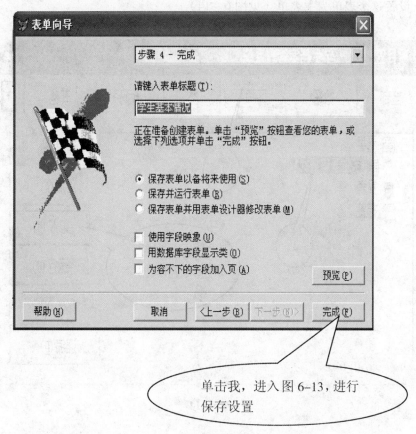

图 6 – 12

图 6 – 13

（2）设置这个表单为主表单（见图6－14）

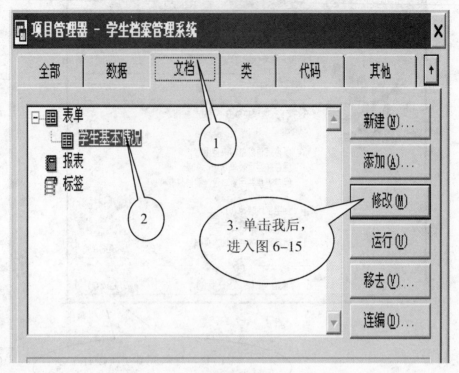

图 6－14

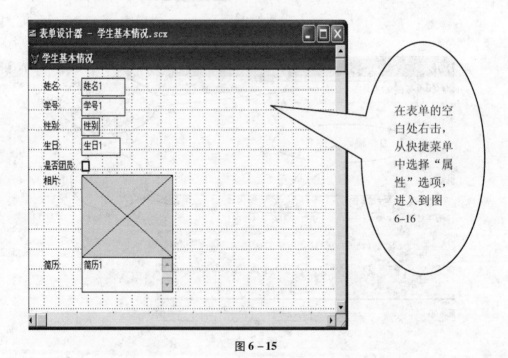

图 6－15

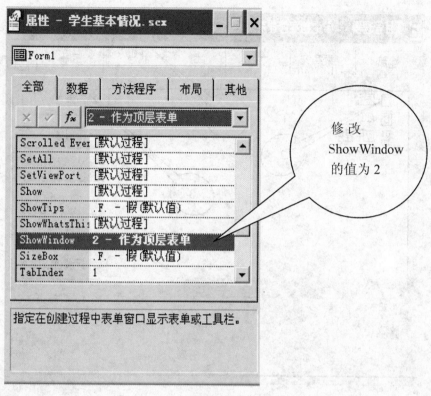

图 6 - 16

（3）在这个表单的 destroy 事件中设置"结束事件循环"（见图 6 - 17）

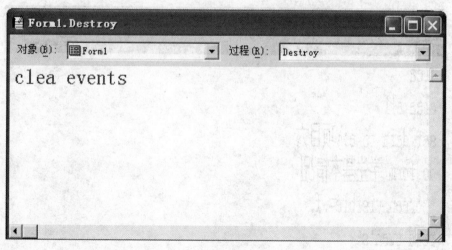

图 6 - 17

【步骤五】主控程序设计。

（1）新建程序文件，名称为 main. prg（扩展名可以不写）（见图 6 - 18）

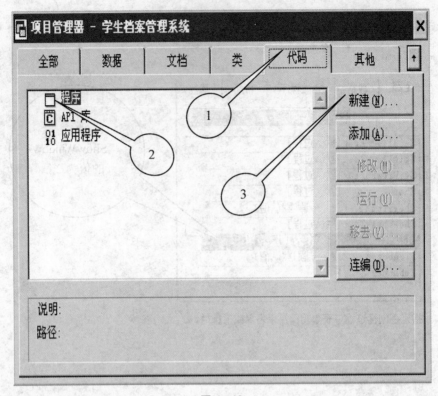

图 6－18

（2）书写代码（见图 6－19）

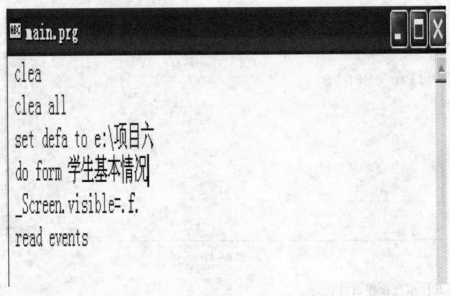

图 6－19

（3）设置为主文件（见图6-20）

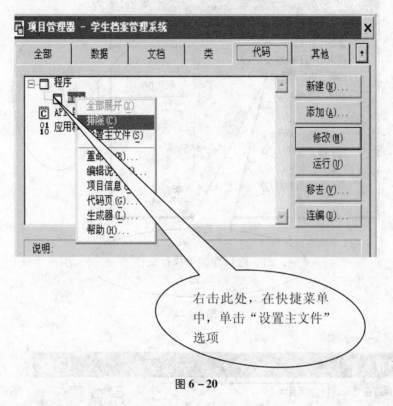

图6-20

【步骤六】连编成可执行文件，可执行文件的文件名为：学生档案管理系统.exe。

（1）因本项目中表单文件是用向导生成的，在连编前需将以下一些文件拷贝到 E：\ 项目六，将 C：\ Program Files \ Microsoft Visual Studio \ Vfp98 中的文件夹 Wizards 拷贝到 E：\ 项目六。

（2）实现连编（见图6-21）。

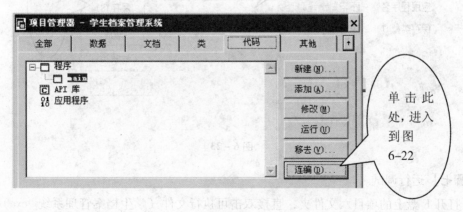

图6-21

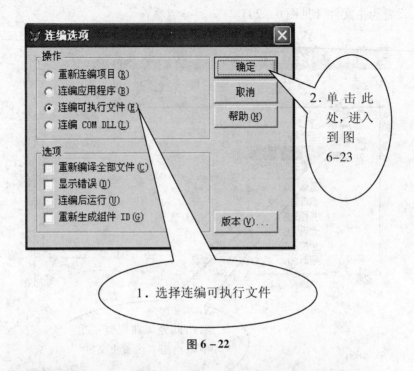

图 6 – 22

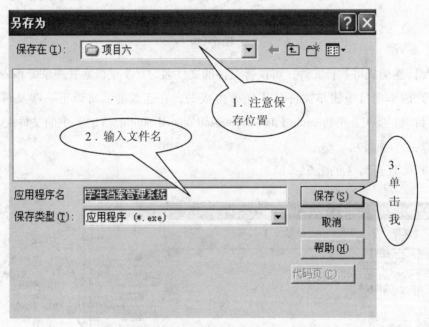

图 6 – 23

【步骤七】运行调试。

打开 E 盘上的项目六文件夹，直接双击可执行文件（学生档案管理系统.exe），也可以将此文件发送为桌面快捷方式后再在桌面上直接运行。

第三部分 知识链接

【链接一】 set defa to ＜路径＞

该命令的功能是来指定默认的驱动器、目录或文件夹。

【链接二】 read events

该命令的功能是启动事件处理。

第四部分 实训项目

【实训】根据教材步骤，完成这个软件的开发。

项目七　表单控件

第一部分　导言

【教学目的】

　　掌握面向对象的程序设计方法，熟悉常用控件的使用方法。

【知识目标】

　　强化面向对象的程序设计方法，掌握以下控件的使用方法：标签、文本框、编辑框、列表框、组合框、命令按钮、单选按钮组、复选框、表格、页框。

【能力目标】

　　给对象添加代码。

第二部分　教学过程

【任务一】动态标签控件

【步骤一】在 E 盘建立一个文件夹，它的名称为：项目七（见图 7–1）。

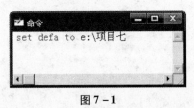

图 7–1

【步骤二】建立一个项目管理器文件，它的名称为：表单控件 . pjx（见图 7–2）。

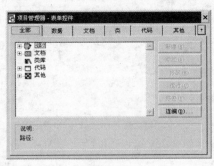

图 7–2

【步骤三】 新建标签控件表单文件 label. scx（见图 7 – 3）。

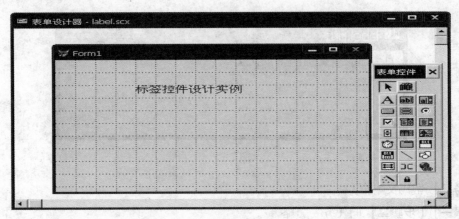

图 7 – 3

【步骤四】 设计标签控件表单。

（1）对象设计

在表单中画出一个标签（label1）

（2）属性设置（见表 7 – 1）

表 7 – 1　　　　　　　　　　　　属性设置说明

属性	功能说明	在例中的值
AutoSize	可随字符串与字形尺寸自动调整标签对象大小	. T.
Backstyle	设置标签对象背景类型为透明	0 – 透明
FontSize	字形尺寸	12
FontName	标签文本字体	宋体
Caption	标签文本要显示的内容	标签控件设计实例

（3）代码设计（见图 7 – 4）

图 7 – 4

（4）建立程序 label. prg 并运行（见图 7 - 5）

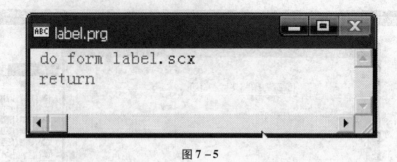

图 7 - 5

【任务二】密码文本框

【步骤一】【步骤二】同任务一，略。

【步骤三】新建文本框表单文件 textbox. scx（见图 7 - 6）。

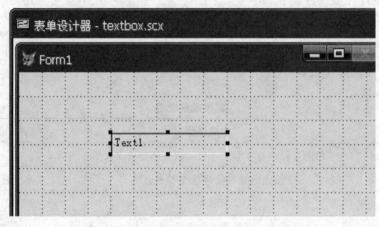

图 7 - 6

【步骤四】设计文本框表单。

（1）对象设计

在表单中画出一个文本框（text1）。

（2）属性设置（见表 7 - 2）

表 7 - 2   属性设置说明

属性	功能说明	在例中的值
Integralheight	TextBox 可随 FontSize 自动调整对象高度	. T.
PasswordChar	指定文本框内是显示文字还是占位符	*
InputMask	设置文本框中可输入的值	999999. 99

（3）代码设计（见图 7 - 7）

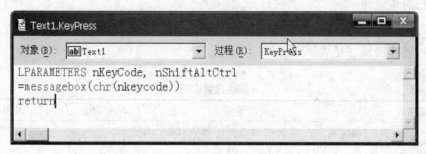

图 7 - 7

（4）建立程序 textbox. prg 并运行（见图 7 - 8）

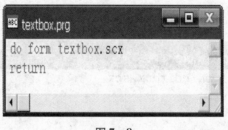

图 7 - 8

【任务三】编辑框

【步骤一】【步骤二】同任务一，略。

【步骤三】新建编辑框表单文件 editbox. scx（见图 7 - 9）。

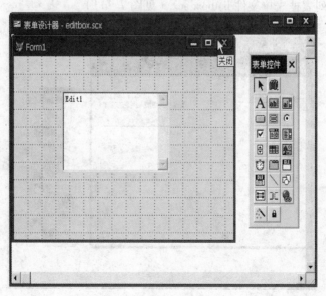

图 7 - 9

【步骤四】 设计编辑框表单文件。

（1）对象设计

在表单中画出一个编辑框（edit1）

（2）属性设置（见表 7-3）

表 7-3 属性设置说明

属性	功能说明	值	说明
AllowTabs	确定用户在编辑框内是否能插入 Tab，若允许，则使用 Ctrl + Tab	. T.	
ReadOnly	用户能否修改编辑框中的文本	. F.	允许修改
ScrollBar	是否具有垂直滚动条	. T.	具有垂直滚动条

（3）建立程序 editbox. prg 并运行（见图 7-10）

图 7-10

【任务四】 列表框

【步骤一】【步骤二】 同任务一，略。

【步骤三】 新建列表框表单文件 listbox. scx（见图 7-11）。

图 7-11

【步骤四】设计列表框表单文件

（1）对象设计

在表单中画出一个列表框（list1），一个标签（label1），一个文本框（Text1），一个命令按钮（command1）。

（2）属性设置（见表7-4）

表7-4　　　　　　　　　　　　　　属性设置说明

属性	功能说明	在例中的值
ColumnCount	列表框的列数	2
ContrlSource	指定与对象建立联系的数据源	
RowSource	列表中显示的值的来源	

（3）代码设计（见图7-12）

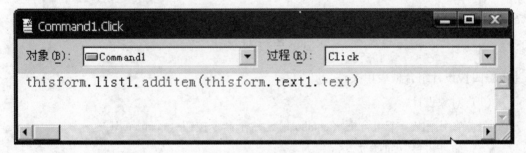

图7-12

（4）建立程序 listbox.prg 并运行（见图7-13）

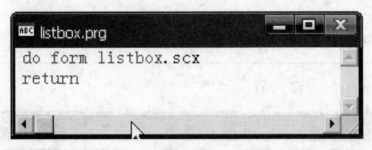

图7-13

【任务五】组合框

【步骤一】【步骤二】同任务一，略。

【步骤三】新建组合框表单文件 combox.scx（见图7-14）。

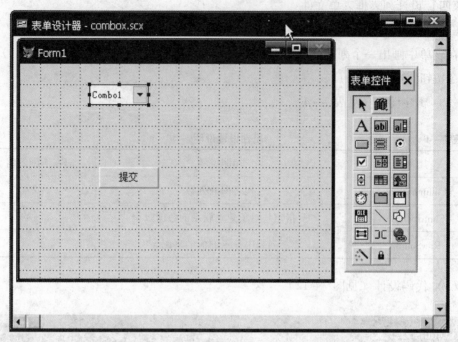

图 7 – 14

【**步骤四**】设计组合框表单文件。

（1）对象设计

在表单中画出一个组合框（combol1），一个命令按钮（command1）

（2）属性设置（见表 7 – 5）

表 7 – 5　　　　　　　　　　　　　　　　属性设置说明

属性	功能说明	值
RowSourceType	确定 RowSource 是下列哪种类型：值、表、字段、SQL 语句、查询、数组、文件列表或者字段列表	

（3）代码设计（见图 7 – 15）

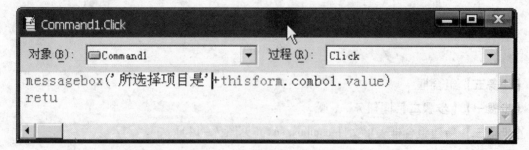

图 7 – 15

（4）建立程序 combox. prg 并运行（见图 7 - 16）

图 7 - 16

【任务六】命令按钮

【步骤一】【步骤二】同任务一，略。

【步骤三】新建按钮表单文件 btn. scx（见图 7 - 17）。

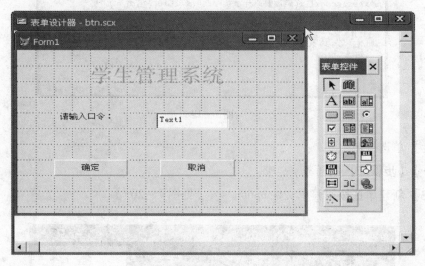

图 7 - 17

【步骤四】设计按钮表单文件

（1）对象设计

在表单中画出两个标签（label1、label2），一个文本框（text1），两个命令按钮（command1、command2）。

（2）属性设置（见表 7 - 6）

表 7 - 6　　　　　　　　　　　属性设置说明

属性	功能说明	在例中的值
Enabled	此按钮是否可用	. T.

(3) 代码设计（见图7-18、图7-19）

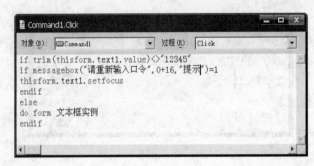

图 7-18

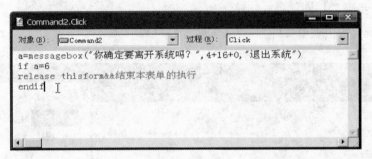

图 7-19

【任务七】单选按钮组

【步骤一】【步骤二】同任务一，略。

【步骤三】新建单选按钮表单文件 option. scx（见图7-20）。

图 7-20

【**步骤四**】设计单选按钮表单文件。

（1）对象设计

在表单中画出一个标签（label1），一个单选按钮组（optiongroup1），一个命令按钮（command1）（见图 7 – 21、图 7 – 22）。

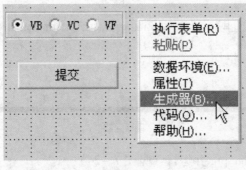

图 7 – 21

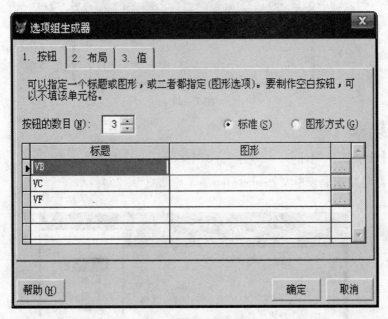

图 7 – 22

（2）属性设置（见表 7 – 7）

表 7 – 7　　　　　　　　　　　　　　　属性设置说明

属性	功能说明	在例中的值
Buttoncount	组中选项按钮的数目	3

（3）代码设计（见图 7 – 23）

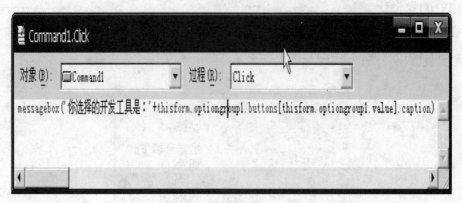

图 7 – 23

（4）建立程序 option. prg 并运行（见图 7 – 24）

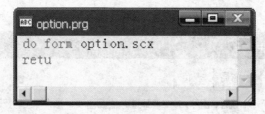

图 7 – 24

【任务八】复选框

【步骤一】【步骤二】同任务一，略。

【步骤三】新建复选框表单文件 checkbox. scx（见图 7 – 25）。

图 7 – 25

【步骤四】设计单选按钮表单文件。

（1）对象设计

在表单中画出一个复选框（check1），一个命令按钮（command1）。

（2）属性设置（见表 7 - 8）

表 7 - 8　　　　　　　　　　　　　　　属性设置说明

属性	功能说明	在例中的值
Value		

（3）代码设计（见图 7 - 26）

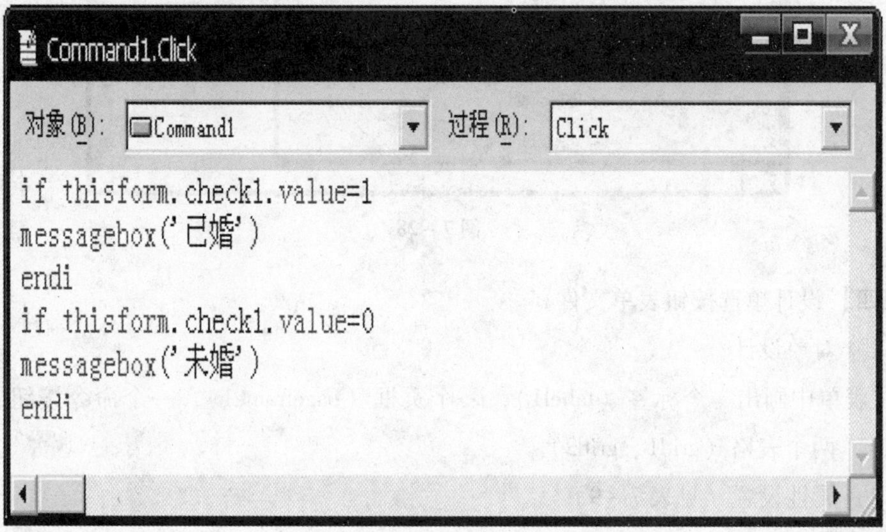

图 7 - 26

（4）建立程序 checkbox. prg 并运行（见图 7 - 27）

图 7 - 27

【任务九】表格与活动页框

【步骤一】【步骤二】同任务一，略。

【步骤三】新建复选框表单文件 pgc. scx（见图 7 – 28）。

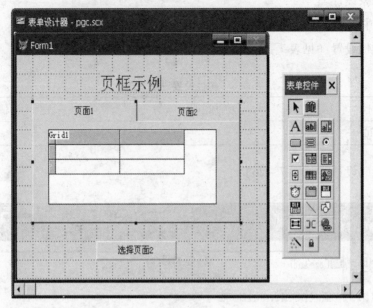

图 7 – 28

【步骤四】设计单选按钮表单文件。

（1）对象设计

在表单中画出一个标签（label1），一个页框（pageframe1），一个命令按钮（command1），两个表格（grid1、grid2）。

（2）属性设置（见表 7 – 9）

表 7 – 9   属性设置说明

属性	功能说明	在例中的值
Pagecount	页框的页面数	2
Tabs	确定页面的选项卡是否可见	. T.

（3）代码设计（见图 7 – 29）

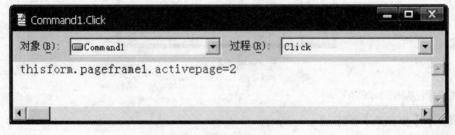

图 7 – 29

（4）建立程序 pgc. prg 并运行（见图 7 - 30）

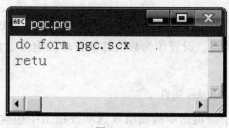

图 7 - 30

第三部分 知识链接

【链接一】表单对象的常用属性

从功能上看，属性可以分为布局和修饰属性、数据属性、状态属性和其他属性三大类。

1. 布局和修饰属性

（1）BackColor、ForeColor 属性

BackColor 属性用于指定对象内文本和图形的背景色；ForeColor 属性用于指定对象内文本和图形的前景色。例如，要设置表单 Form1 中文本框 Text1 的前景色为红色、背景色为黑色，则代码为：

ThisForm. Text1. BackColor = RGB （0，0，0）

ThisForm. Text1. BackColor = RGB （255，0，0）

（2）Caption 属性

该属性用于指定对象的标题。如要把表单 Form1 的标题设置为"学生"，则代码为：

ThisForm. Caption = "学生"

（3）Curvature 属性

用于指定 Shape 控件的拐角曲率，设置值为数值。0 为没有曲率，建立的是直线拐角；1 ~ 98 为圆角拐角，值越大，曲率越大，99 为最大曲率，创建圆或椭圆。

（4）FontName 和 FontSize 属性

FontName 属性用于指定显示文本时的字体名称；FontSize 属性用于指定显示文本时的字体大小。

（5）Height 和 Width 属性

Height 属性用于指定屏幕上某个对象的高度；Width 属性用于指定屏幕上某个对象

的宽度。设置值为数值，缺省单位为像素。

（6）Left 和 Top 属性

Left 属性用于指定控件最左边相对于其父对象的位置；Top 属性用于指定控件顶边相对于其父对象顶边的位置。设置值为数值，缺省单位为像素。

2. 数据属性

（1）ButtonCount 和 Buttons 属性

ButtonCount 属性用于指定命令按钮组或选项按钮组中包含的按钮数；Buttons 属性用于指定命令按钮组或选项按钮组中第几个按钮的数组，数组的下标介于 1 ~ Button-Count 之间。

例如，现有一个命令按钮组 CommandGroup1，它包含四个命令按钮，如果要设置第二个命令按钮的标题为"确定"，则代码为：

Thisform. CommandGroup1. Buttons （2）. Caption ="确定"

（2）Columncount 和 Columns 属性

Columncount 属性用于指定表格、组合框和列表框中包含列的数目；Columns 属性用于指定表格、组合框和列表框中第几列的数组，数组的下标介于 1 ~ Columncount 之间。

（3）ControlCount 和 Controls 属性

ControlCount 属性用于指定容器对象中包含的控件数目；Controls 属性用于指定容器对象中第几个控件的数组，数组的下标介于 1 ~ ControlCount。例如，现有一个容器对象 Container1，它包含四个文本框对象，如果要设置第二个文本框的值为"ABC"，则代码为：

Thisform. Container1. Controls （2）. value ="ABC"

（4）FormCount 和 Forms 属性

FormCount 属性用于指定表单集中包含的表单数目；Forms 属性用于指定表单集中第几个表单的数组，数组的下标介于 1 ~ FormCount 之间，利用该属性可以方便地对表单集中的每个表单进行操作。

（5）PageCount 和 Pages 属性

PageCount 属性用于指定页框中包含的页数；Pages 属性用于指定页框中第几个页面的数组，数组的下标介于 1 ~ PageCount 之间。例如，现有一个页框 PageFrame1，它包含三个页面，如果要设置第二个页面的标题为"学生"，则代码为：

Thisform. PageFrame1. Pages （2）. Caption ="学生"

（6）ControlSource 属性

该属性用于指定数据绑定对象的数据源，数据源可以是字段或变量。例如，文本框 Text1 要显示课程名，则它的 ControlSource 属性将跟课程表的课程名数据绑定。

（7）RecordSourceType 和 RecordSource 属性

RecordSourceType 属性是用于指定表格控件数据源的打开方式，它的值有 0、1、2……。RecordSource 属性是用于指定表格控件绑定的数据源。

（8）RowSourceType 和 RowSource 属性

RowSourceType 属性是用于指定组合框或列表框控件中数据源的类型，它的值有 0、1、2……。RowSource 属性是用于指定组合框或列表框的数据源。

（9）Value 属性

该属性用于指定控件当前状态。大多数控件有该属性，如文本框、组合框、列表框等。

3. 状态属性

（1）Enabled 属性

该属性用于指定对象是否响应由用户触发的事件。它的值为逻辑值，缺省值为 . T.（响应用户触发的事件）。

（2）ReadOnly 属性

该属性用于指定用户能否编辑该控件，或指定与临时表对象相关联的表或视图是否允许更新。该属性的值为逻辑值，缺省值为 . F.（可以编辑）。

（3）Visible 属性

该属性用于指定对象是否可见。它的值为逻辑值，缺省值为 . T.（可见）。

4. 其他属性

（1）Name 属性

该属性用于指定在代码中所引用对象的名称。

（2）Parent 属性

用于指定引用控件的容器对象。

【链接二】 表单对象的常用事件

1. Activate

● 发生时机：当激活表单、表单集或页对象，或者显示工具栏对象时，将触发 Activate 事件。

● 应用于：表单、表单集、页面和工具栏。

● 语法格式：对象 . Activate

2. Click 事件

● 发生时机：当对象程序中包含触发此事件的代码，用户单击对象时将触发该事件。

- 应用于：复选框、组合框、命令按钮、命令组、容器对象、控件对象、编辑框、表单、表格、标头、图像、标签、线条、列表框、选项按钮、选项组、页面、页框、形状、微调、文本框和工具栏。
- 语法格式：对象. Click
- 几乎 Visual FoxPro 中所有的对象都有该事件，最常用的是命令按钮的 Click 事件。

3. Init 事件

- 发生时机：在创建对象时发生。
- 应用于：复选框、组合框、命令按钮、命令组、容器对象、控件对象、临时表、自定义控件、数据环境、编辑框、表单、表单集、表格、图像、标签、线条、列表框、OLE 绑定型控件、OLE 容器控件、选项按钮、选项组、页面、页框、关系、形状、微调、文本框、计时器和工具栏。
- 语法格式：对象. Init

4. InteractiveChange 事件

- 发生时机：在使用键盘或鼠标更改控件的值时，触发该事件。
- 应用于：复选框、组合框、命令组、编辑框、列表框、选项组、微调和文本框。
- 语法格式：控件. InteractiveChange
- 注意：在每次单击或更改对象的值时都将触发该事件。

5. Timer 事件

- 发生时机：当经过 Interval 属性中指定的毫秒数时，触发该事件。
- 应用于：计时器。
- 语法格式：Timer. Timer

6. Valid 事件

- 发生时机：在控件失去焦点之前触发该事件。
- 应用于：复选框、组合框、命令按钮、命令组、编辑框、表格、列表框、选项按钮、选项组、微调和文本框。
- 语法格式：控件. Valid
- 说明：Valid 事件返回 . T. 或非零数字时，表明该控件失去了焦点；当返回 . F. 或零时，表明该控件没有失去焦点。

【链接三】 表单对象的常用方法

Visual FoxPro 中不同的对象具有不同的方法，与事件不同的是，用户可以定义新的方法，新建的方法属于表单。

1. AddItem 方法

功能：在组合框或列表框中添加一个新的数据项，并且可以指定数据项的索引。

应用于：组合框、列表框

语法格式：控件 . AddItem（字符串表达式 [，nIndex] [，nColumn]）

参数说明：

字符串表达式：是指添加到控件中的数据项。

nIndex：指定数据项插入的位置。如果缺省，则 Sorted 属性设置为 . T. ，数据项按字母排序方式添加到队列；Sorted 属性设置为 . F. ，数据项添加到队列的末尾。

nColumn：指定数据项添加到第几列，缺省时为1。

2. Clear 方法

功能：清除组合框或列表框中的数据项。

应用于：组合框、列表框

语法格式：控件 . Clear

注意：Clear 方法只在组合框或列表框的 RowSourceType 属性设置为 0 时才有效。它只用于代码窗口。

3. Hide 方法

功能：隐藏表单、表单集或工具栏。

应用于：表单、表单集、_ SCREEN、工具栏。

语法格式：对象 . Hide

4. Refresh 方法

功能：重画表单或控件并刷新所有值。

应用于：几乎是 Visual FoxPro 中所有的对象，包括：复选框、列、组合框、命令按钮、命令组、容器对象、控件对象、编辑框、表单、表单集、表格、表头、列表框、OLE 绑定型控件、OLE 容器控件、选项按钮、选项组、页面、页框、_ SCREEN、微调、文本框和工具栏。

语法格式：对象 . Refresh

5. Release 方法

功能：释放表单集或表单。

应用于：表单、表单集、_ SCREEN

语法格式：对象 . Release。

6. SetAll

功能：为容器对象中的所有控件或某类控件指定一个属性设置。

应用于：列、命令组、容器对象、表单、表单集、表格、选项组、页面、页框、_ SCREEN、工具栏。

语法格式：容器 . SetAll（cProperty，Value［，cClass］）

参数说明：

cProperty：要设置的属性。

Value：属性的新值，Value 的数据类型取决于要设置的属性。

cClass：指定类名，该类为对象的基类。

使用说明：使用 SetAll 方法可为容器中的所有控件或某类控件设置一个属性。

7. SetFocus 方法

功能：为一个控件指定焦点，确定当前的操作对象。

应用于：复选框、列、组合框、命令按钮、容器对象、控件对象、编辑框、表格、列表框、OLE 绑定型控件、OLE 容器控件、选项按钮、微调和文本框。

语法格式：对象 . SetFocus

8. Show 方法

功能：显示表单、表单集或工具栏。

应用于：表单、表单集、_ SCREEN 和工具栏。

语法格式：对象 . Show

第四部分　实训项目

【实训】根据教材中的操作步骤，完成项目七中的各项任务。

项目八　报表设计

第一部分　导言

【教学目的】

　　掌握用向导设计报表的方法，掌握用报表设计器修改报表的方法。

【知识目标】

　　报表向导生成报表、报表设计器修改报表。

【能力目标】

　　能根据实际问题设计出符合要求的报表。

第二部分　开发过程

【任务一】为设计报表准备数据源

【步骤一】在 E 盘建立一个文件夹，它的名称为项目八。

【步骤二】建立一个项目管理器文件，它的名称为：报表设计。

【步骤三】打开 E 盘上的项目二文件夹，将其中数据库和数据表文件拷贝到项目八文件夹中。

【步骤四】在项目管理器—报表设计中加入学生数据这个数据库如图 8－1 和图 8－2 所示）。

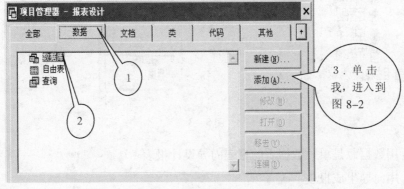

图 8－1

图 8 – 2

结果如图 8 – 3 所示。

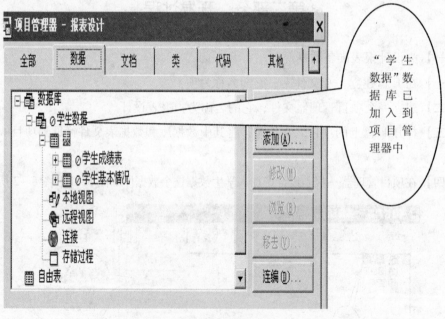

图 8 – 3

【任务二】用数据源是单一数据表的报表向导设计报表

【步骤一】用向导生成报表。

（1）向导选取（如图 8 – 4 至图 8 – 6 所示）

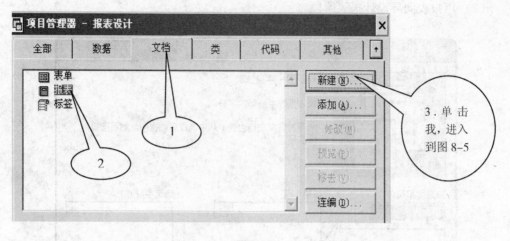

图 8-4

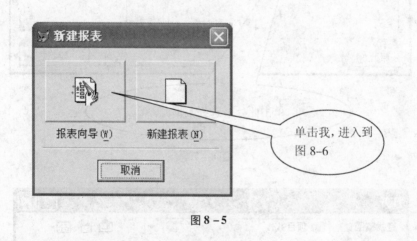

图 8-5

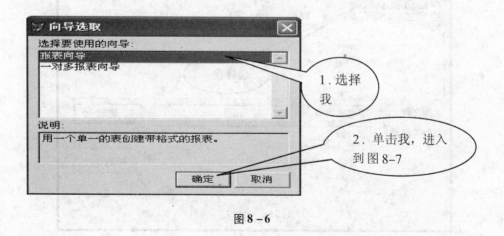

图 8-6

（2）用报表向导设计报表阶段

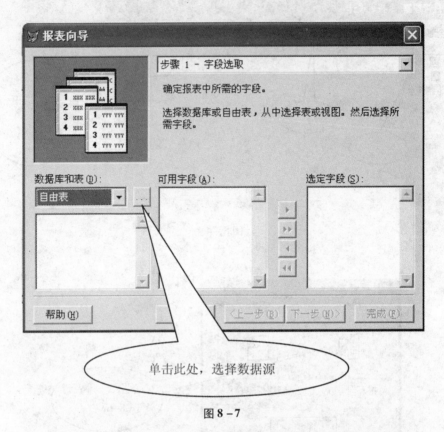

图 8－7

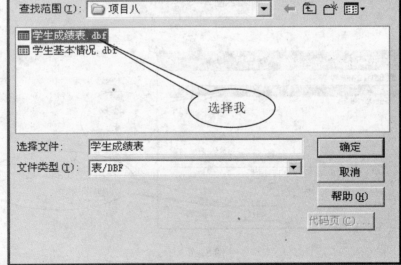

图 8－8

在"可用字段"列表框中选取所需的字段后，结果如图8-9所示。

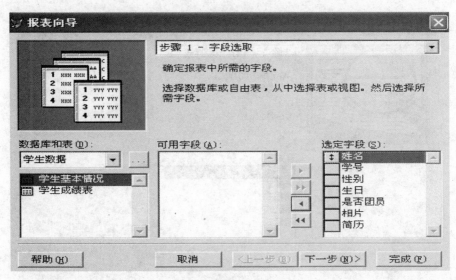

图 8-9

在图8-9中单击"下一步"按钮后，结果如图8-10所示。

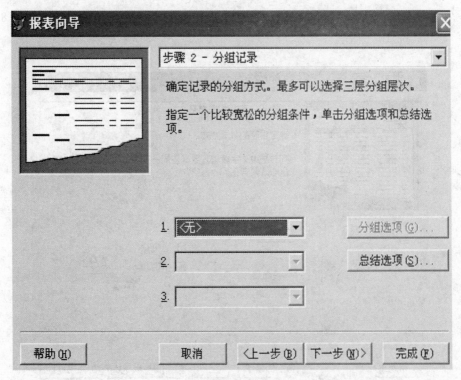

图 8-10

在图 8-10 中单击"下一步"按钮，结果如图 8-11 所示。

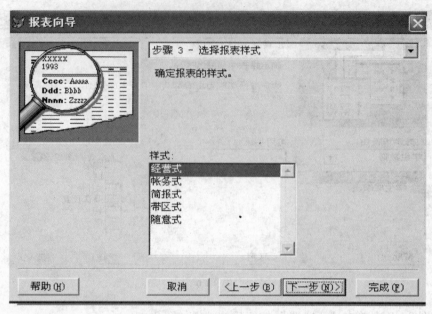

图 8-11

在图 8-11 中选取一种"样式"，然后单击"下一步"按钮，就会出现如图 8-12 所示。

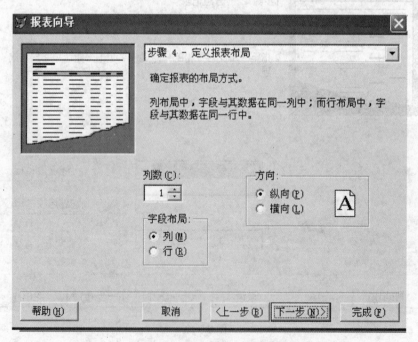

图 8-12

在图 8－12 中直接单击"下一步"按钮，进入到图 8－13。

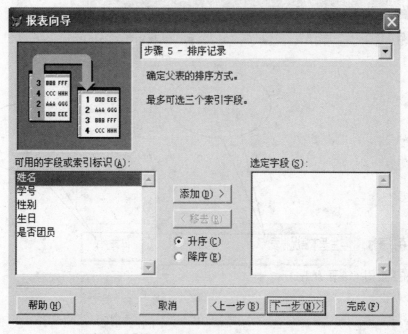

图 8－13

在图 8－13 中直接单击"下一步"按钮，进入到图 8－14。

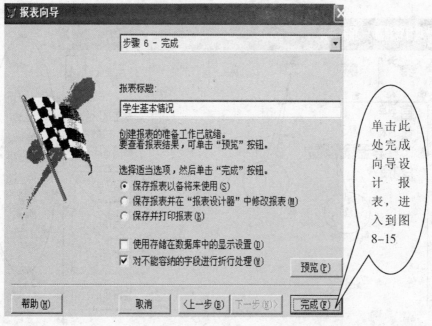

图 8－14

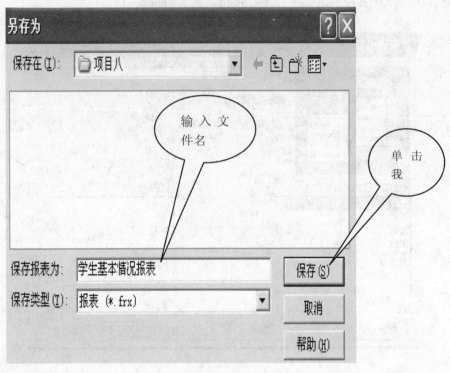

图 8 – 15

【步骤二】 预览报表。

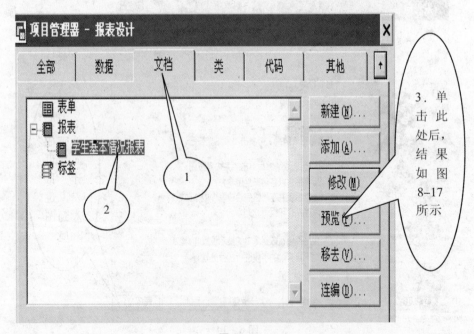

图 8 – 16

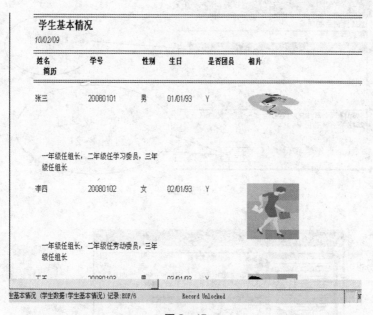

图 8－17

【任务三】用数据源是多个数据表的报表向导设计报表

【步骤一】生成报表。

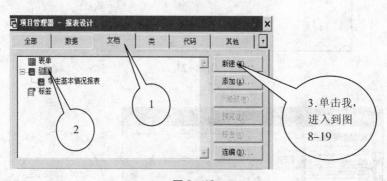

图 8－18

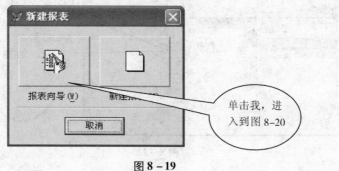

图 8－19

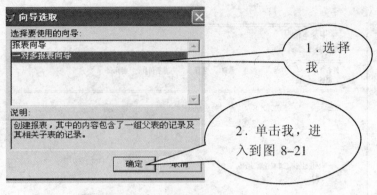

图 8 − 20

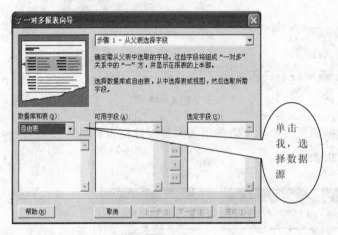

图 8 − 21

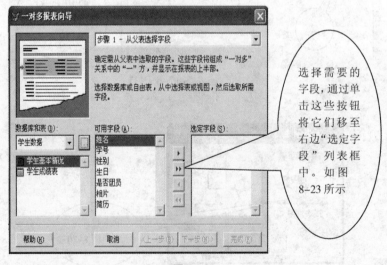

图 8 − 22

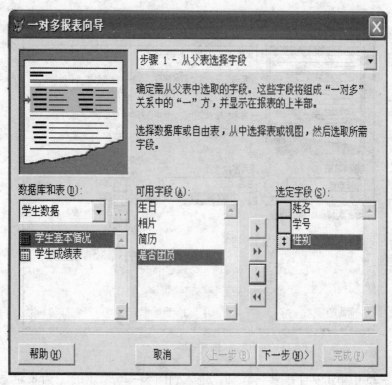

图 8 - 23

在图 8 - 23 中单击"下一步"按钮,进入到图 8 - 24 所示,进行"子字段"的选择。

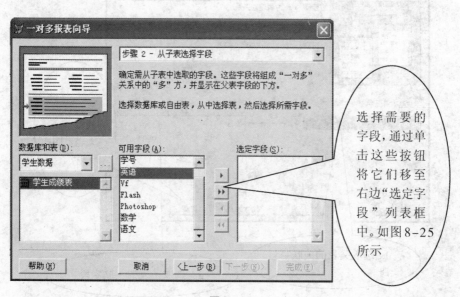

图 8 - 24

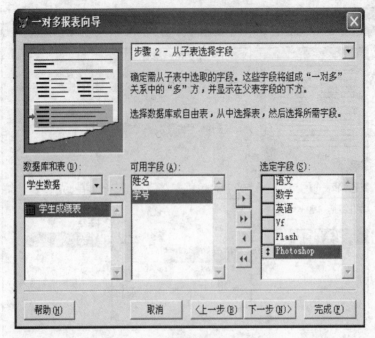

图 8 – 25

在图 8 – 25 中单击"下一步"按钮，进入到图 8 – 26 所示的"为表建立关系"的阶段。

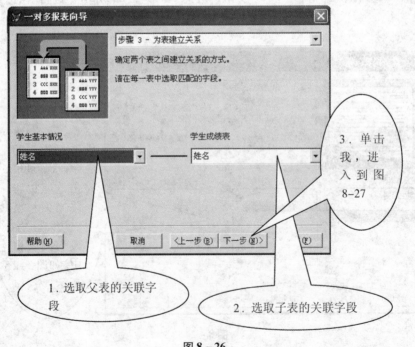

图 8 – 26

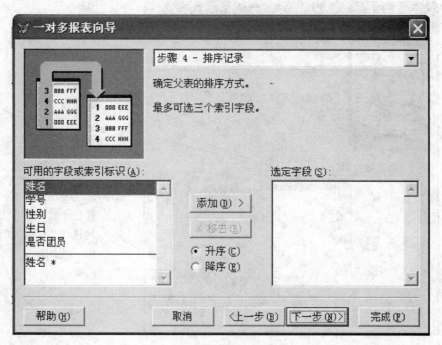

图 8 – 27

在图 8 – 27 中直接单击"下一步"按钮进入到图 8 – 28 所示的"排序记录"中选择排序字段。

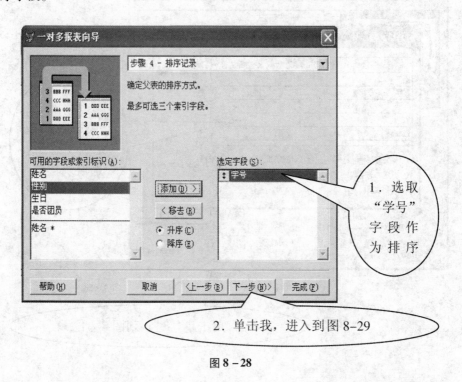

图 8 – 28

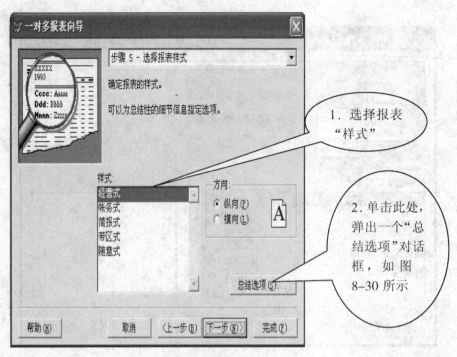

图 8 – 29

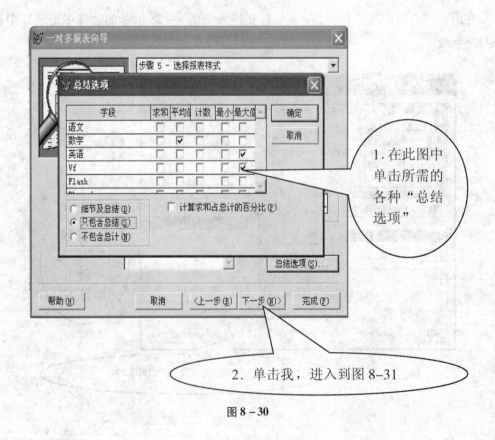

图 8 – 30

图 8 – 31

在图 8 – 31 中单击"完成"按钮，进入到图 8 – 32，进行保存文件的设置。

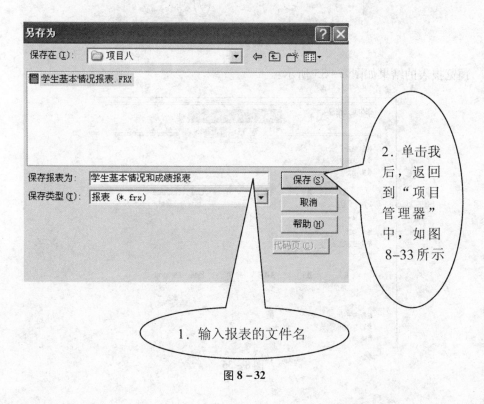

图 8 – 32

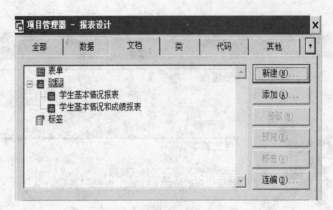

图 8 – 33

【步骤二】预览报表。

预览报表的操作方法与"任务二"中的方法相同，参照"任务二"中步骤二所示的操作方法。

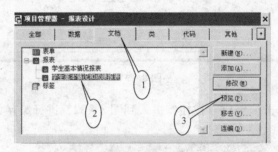

图 8 – 34

预览报表的结果如图 8 – 35 所示：

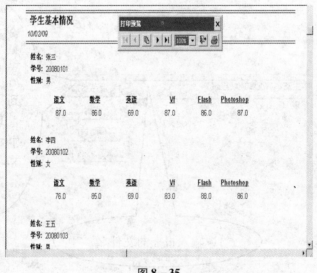

图 8 – 35

【任务四】用报表设计器修改已存在的报表

【步骤一】准备修改学生基本情况报表。

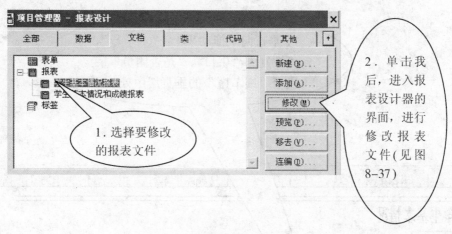

图 8 – 36

【步骤二】对学生基本情况报表进行格式修改。

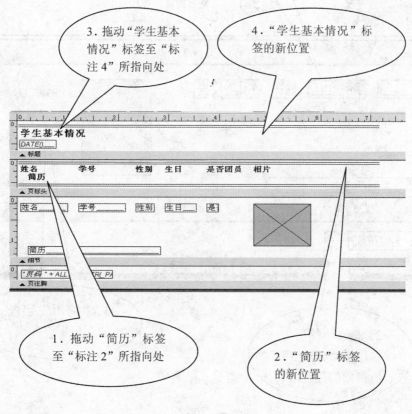

图 8 – 37

对图 8 – 37 中的 "date ( )" 域字段的操作方法与对 "学生基本情况" 标签的操作方法相同。

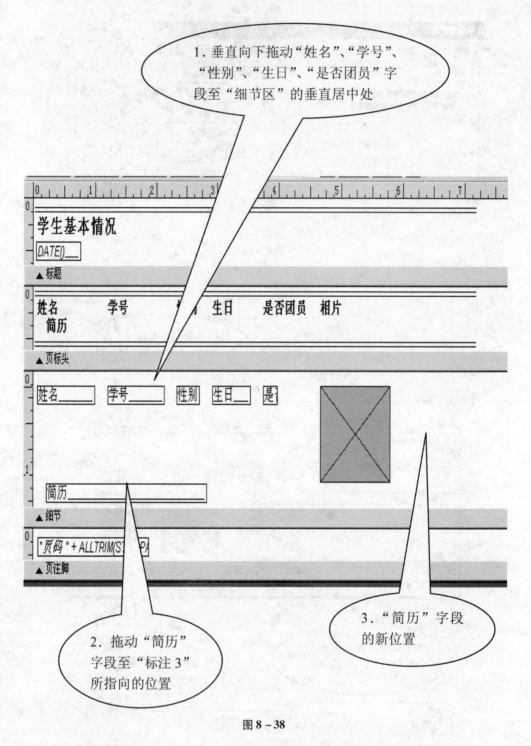

图 8 – 38

完成以上两小步操作后，报表文件的设计结果如图 8 – 39 所示。

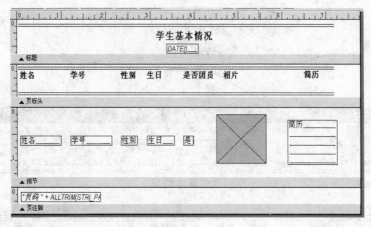

图 8 – 39

【步骤三】保存修改后的新报表。

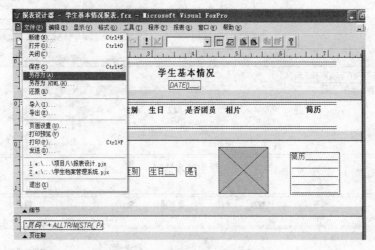

图 8 – 40

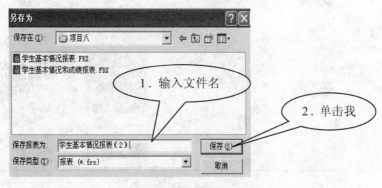

1．输入文件名

2．单击我

图 8 – 41

【步骤四】预览报表。

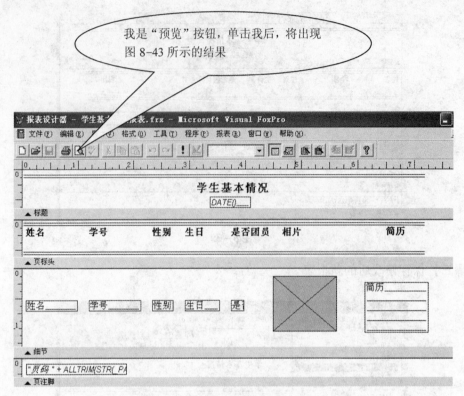

图 8－42

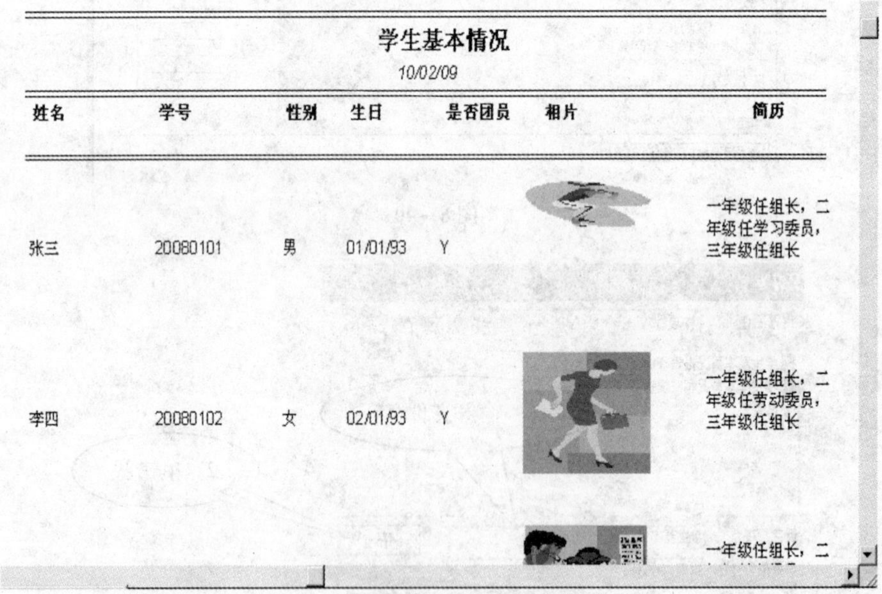

图 8－43

【步骤五】将修改后的新报表添加到项目管理器中来。

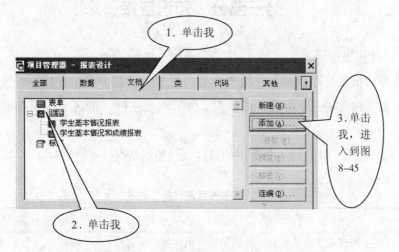

图 8－44

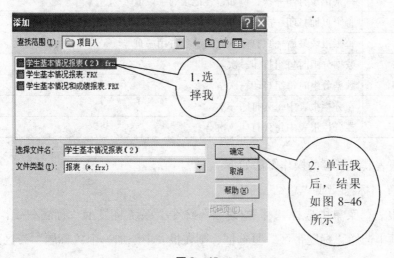

图 8－45

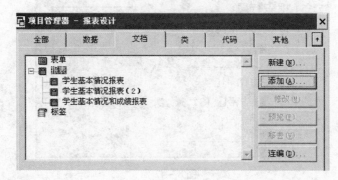

图 8－46

第三部分　知识链接

【链接一】 设计报表布局

　　一个良好的报表会把数据放在报表合适的位置上。在报表设计器中，报表包括若干个带区，报表包含了三个带区：页标头、细节和页注脚。带区名标识在带区下的标识栏上。

　　表 8-1 中给出了报表的一些常用的带区以及使用情况。

表 8-1　　　　　　　　　　　　　　　报表带区及作用

带区	作用
标题	每张报表开头打印一次或单独一页，如报表名称
页标头	每个页面打印一次，例如，列报表的字段名称
细节	每条记录打印一次，例如，各记录的字段值
页注脚	每个页面打印一次，例如，页码和日期
总结	每张报表最后一页打印一次或单独占用一页
组标头	数据分组时每组打印一次
组注脚	数据分组时每组打印一次
列标头	在分栏报表中每列打印一次
列注脚	在分栏报表中每列打印一次

　　设置报表其他带区的操作方法如下：

　　1. 设置"标题"或"总结"带区

　　从"报表"菜单中选择"标题/总结"命令。系统将显示"标题/总结"对话框。在该对话框中选择"标题带区"复选框，则在报表中添加一个"标题"带区。

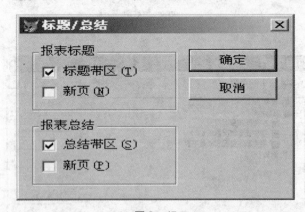

图 8-47

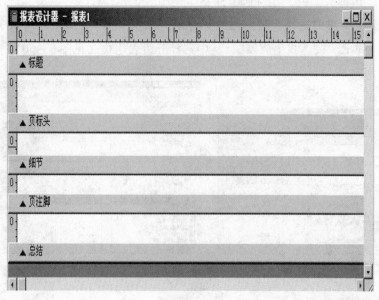

图 8 – 48

2. 设置"列标头"和"列注脚"带区

从"文件"菜单中选择"页面设置"命令，弹出"页面设置"对话框。进行相应的设置。

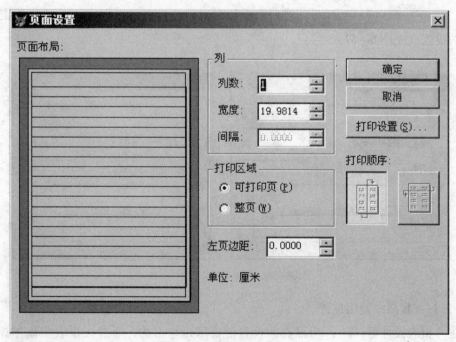

图 8 – 49

3. 设置"组标头"或"组注脚"带区

从"报表"菜单中选择"数据分组"弹出"数据分组"对话框，单击对话框中的省略号按钮，弹出"表达式生成器"，从中选择分组表达式（见图 8-50）。

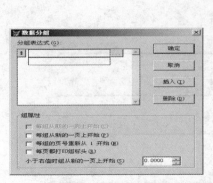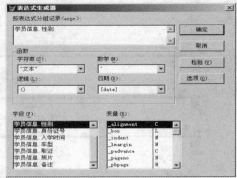

图 8-50

【链接二】 调整带区高度

添加所需的带区以后，就可以在带区中添加需要的控件。如果新添加的带区高度不够，可以在"报表设计器"中调整带区的高度以放置需要的控件。调整带区高度的一种方法是用鼠标选中某一带区标识栏，然后上下拖拽该带区，直至得到满意的高度为止。另一种方法是双击要调整高度的带区的标识栏，系统将显示一个对话框。例如，双击"标题"带区或"页标头"带区的标识栏，系统将显示相应的对话框，可以进行相应的设置（见图 8-51）。

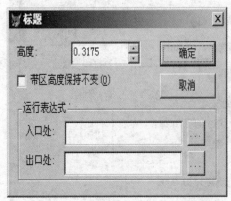

图 8-51

【链接三】 在报表中使用控件

在"报表设计器"中，为报表新设置的带区是空白的，通过在报表中添加控件，可以安排要打印的内容。

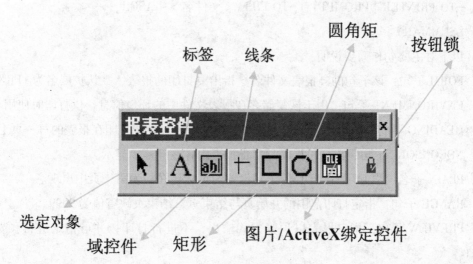

图 8 – 52

表 8 – 2	报表控件工具栏的控件按钮
按钮	功能
标签	添加说明性文字或标题文本
域控件	添加字段、变量或表达式
线条	添加垂直或水平线
矩形	添加矩形
圆角矩形	添加圆角矩形或圆形
图片/ActiveX 绑定控件	添加图片或包含 OLE 对象的通用型字段

【链接四】预览和打印报表

1. 预览报表

为确保报表正确输出，使用"预览"功能在屏幕上查看最终面设计是否符合设计要求。报表"预览"操作十分便利。从"显示"菜单中选择"预览"命令。

2. 打印报表

（1）命令方式打印报表

命令格式：

REPORT FORM ＜报表文件名＞［ENVIRONMENT］［＜. 范围＞］ ［FOR ＜逻辑表达式＞］

　　［HEADING ＜字符表过式＞］［NICONSOLE］ ［PLAN］

　　［RANG 开始页［，结束页］］

［PREVIEW［［IN］WINDOW ＜窗口名＞ ｜ IN SCREEN］［NOWAIT］］

［TO PRINTER［PROMPT］｜ TO FILE ＜文件名＞［ASCII］］

［SUMMARY］

以下对主要句作简要说明：

FORM 子句：该子句的＜报表文件名＞指出要打印的报表，默认扩展名为 .FRX

ENVIRONMENT 子句：用于恢复储存在报表文件中的环境信息，供打印时使用。

HEADING 子句：该子句＜子符表达式＞的值作为页标题打印在报表的每一页上。

NOCONSOLE 子句：在打印报表时禁止报表内容在屏幕上显示。

PLAIN 子名：限制用 HEADING 子句设置的页标题在报表第一页中出现。

RANGE 子句：指定打印范围的开始页与结束页，结束页缺省值为 9999。

PREVIEW 子句：指定报表以预览方式输出，不进行打印；并可指定进行预览的窗口。

TO PRINTER 子句：指定报表输出到打印机。若带有 PROMPT 选项，打印前将出现打印对话框，供用户指定打印范围、打印份数等要求。

TO FILE 子名：输出到文本文件，ASCII 能使打印机代码不写入文件。

SUMMARY 子句：指定"打印总结"带区的内容，此时不打印"细节"带区的内容。

（2）菜单方打印报表

在报表设计器打开时选择"报表"菜单下的"运行报表"命令，弹出"打印"对话框，如图 8-53 所示。进行相应的设置，单击"确定"铵钮就可以打印了。

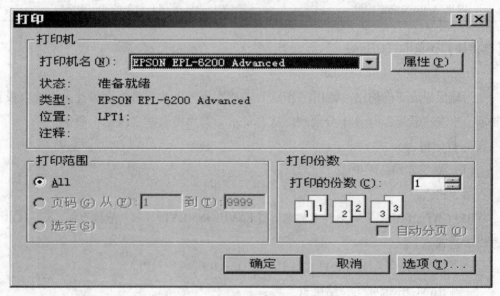

图 8-53

第四部分 实训项目

【实训一】根据教材中的操作步骤，完成项目八中的各项任务。

【实训二】修改报表学生基本情况和成绩报表。

项目九　菜单设计

第一部分　导言

【教学目的】

掌握主菜单、快捷菜单的设计与调用方法。

【知识目标】

主菜单、快捷菜单的设计；主菜单的挂接；快捷菜单的调用。

【能力目标】

能根据实际问题设计出符合要求的菜单。

第二部分　开发过程

【任务一】主菜单的设计与挂接

【步骤一】准备工作。

（1）在 E 盘上新建文件夹项目九。

（2）新建项目管理器，文件名为菜单设计，并将它保存到项目九文件夹中。

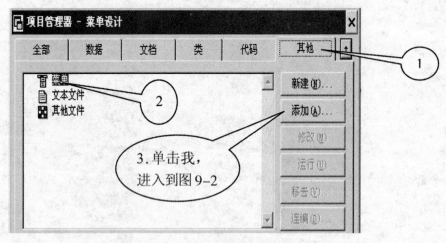

图 9-1

【步骤二】创建主菜单。

（1）选择菜单类型。

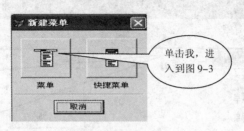

图 9 - 2

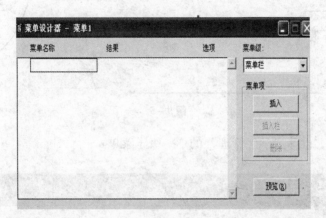

图 9 - 3

（2）创建一级菜单，在图 9 - 3 中输入菜单项，结果如图 9 - 4 所示。

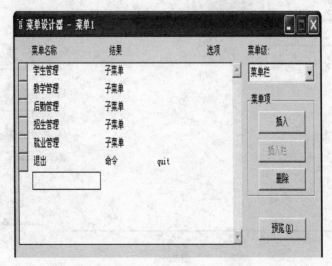

图 9 - 4

（3）创建学生管理的子菜单。

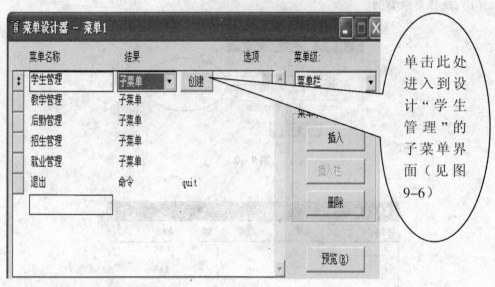

图 9－5

参照图 9－6，设计"学生管理"的下一级子菜单。

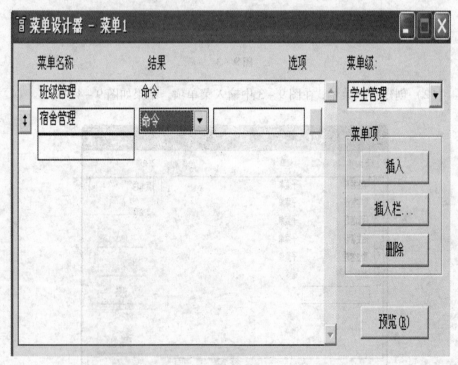

图 9－6

（4）返回一级菜单。

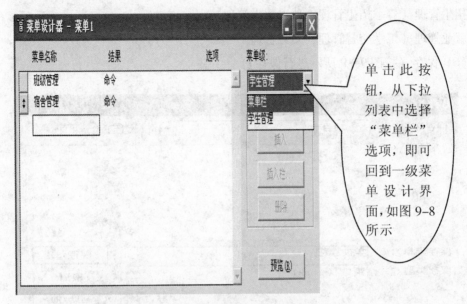

图 9－7

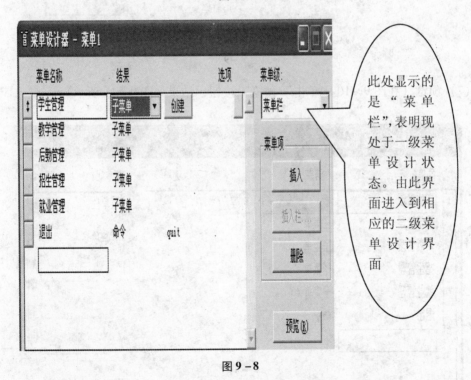

图 9－8

（5）参照创建学生管理的子菜单，分别创建教学管理、后勤管理、招生管理、就业管理的子菜单，它们的下级菜单如下：

教学管理（课表管理、教学计划管理、学生成绩管理）

后勤管理（财产清单、财产维修管理）

招生管理（春季招生管理、秋季招生管理）

就业管理（工学交替管理、实习管理）

（6）保存（按图9-9所示进行保存）。

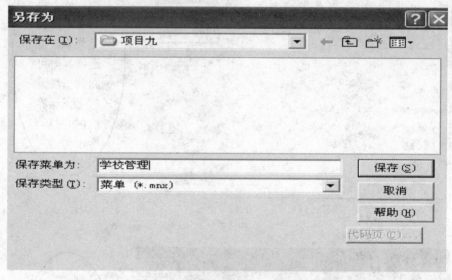

图9-9

（7）预览（在图9-10中单击"预览"按钮，结果如图9-11所示）。

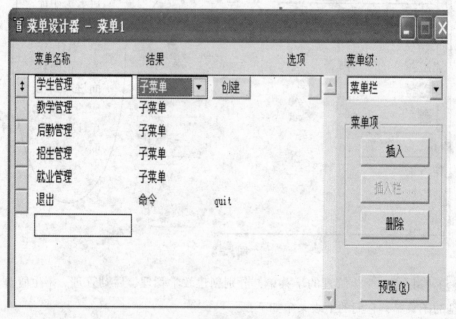

图9-10

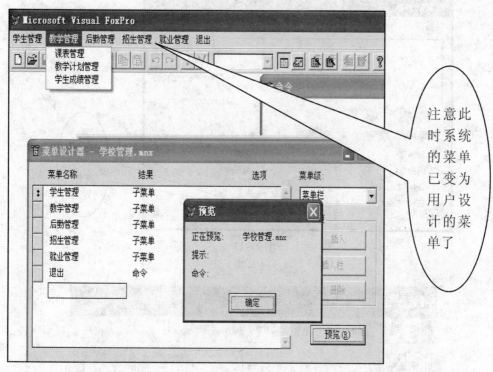

注意此时系统的菜单已变为用户设计的菜单了

图 9-11

【步骤三】修改已创建的菜单并重新保存。

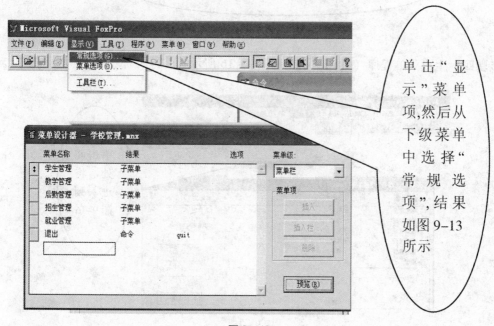

单击"显示"菜单项,然后从下级菜单中选择"常规选项",结果如图9-13所示

图 9-12

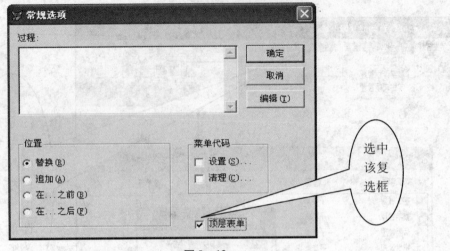

图 9 – 13

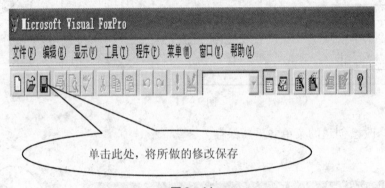

图 9 – 14

【步骤四】生成菜单程序（如图 9 – 15 和图 9 – 16 所示）。

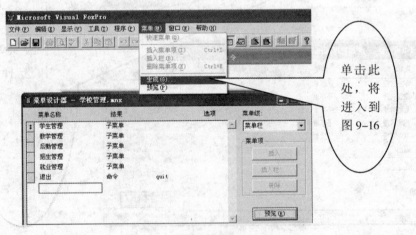

图 9 – 15

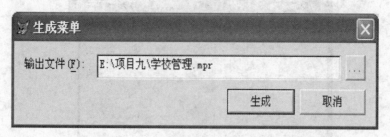

图 9 – 16

【步骤五】新建主表单。

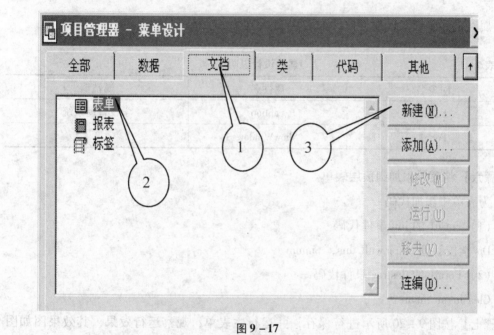

图 9 – 17

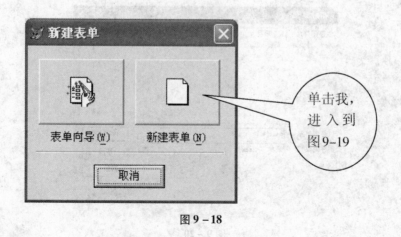

图 9 – 18

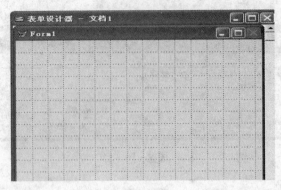

图 9 – 19

属性设计（对象的属性修改如表 9 – 1 所示）

表 9 – 1   属性设计说明

对象名	属性名	属性值
Form1	caption	学校管理系统
Form1	ShowWindow	2

【步骤六】将菜单添加到顶层表单。

为表单中添加代码

（1）Form1 的 init 事件代码

Do 学校管理 . mpr with this ," mmm"

（2）Form1 的 destroy 事件代码

Clea menu mmm

【步骤七】按图 9 – 20 所示进行保存，并运行主表单，观察运行效果，其效果图如图 9 – 21 所示。

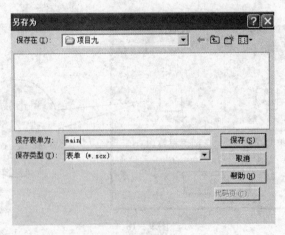

图 9 – 20

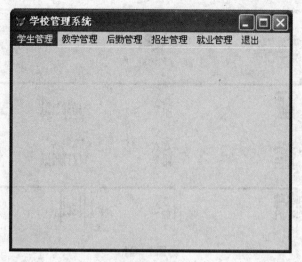

图 9 – 21

【**任务二**】 快捷菜单的设计与调用

【**步骤一**】 创建快捷菜单（在项目管理器中新建菜单，进入到图 9 – 22）。

（1）选择菜单类型

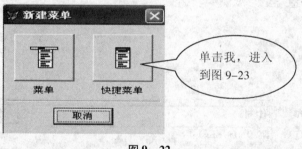

图 9 – 22

（2）设计快捷菜单

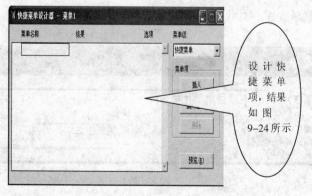

图 9 – 23

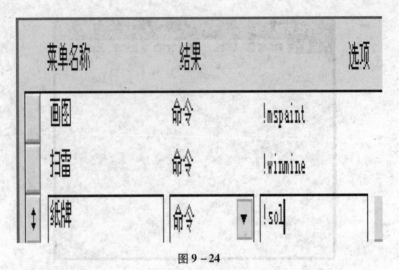

图 9 – 24

（3）按图 9 – 25 所示保存

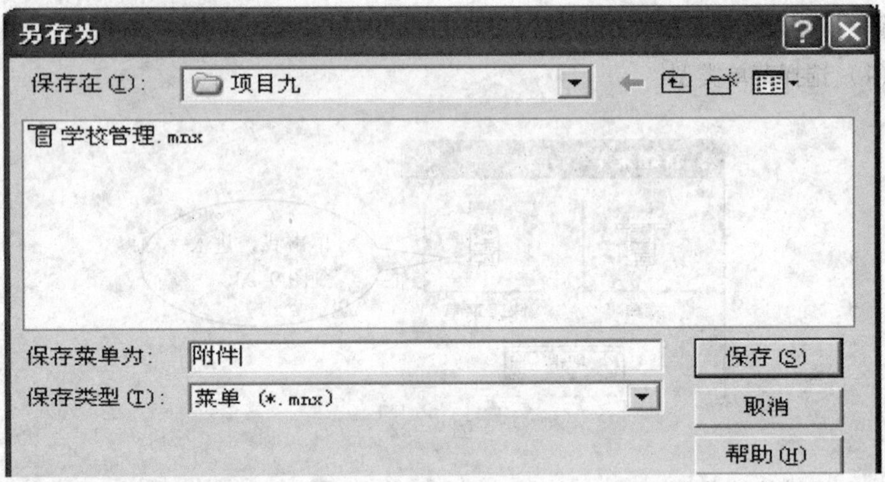

图 9 – 25

【步骤二】 生成菜单程序，如图 9 – 26 所示。

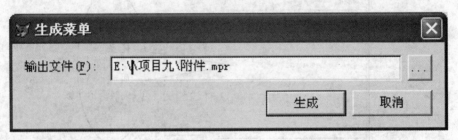

图 9 – 26

【步骤三】将菜单添加到主表单的 RightClick 事件中，如图 9 – 27 和图 9 – 28 所示。

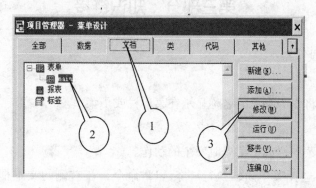

图 9 – 27

在 main 表单的右击事件中加入代码，如图 9 – 28 所示。

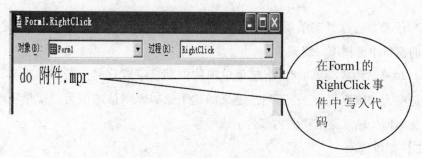

图 9 – 28

【步骤四】运行主表单，观察运行效果图 9 – 29。

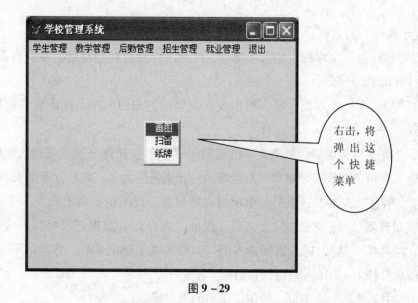

图 9 – 29

第三部分 知识链接

【链接一】菜单设计器

"菜单名称"列：

输入的文本将作为菜单的名称显示在菜单栏或子菜单。

"结果"列：

指定在选择菜单栏或子菜单时发生的动作。

（1）命令：选择菜单后，执行一条 VFP 命令，在右侧的文本框中输入要执行的命令。

（2）过程：选择菜单后，执行一个过程，单击右侧的"创建"按钮，编辑过程代码。

（3）子菜单：选择菜单后，会出现弹出下一级菜单。单击右侧的"创建"按钮，在出现的窗口中编辑下一级菜单。

（4）填充名称或菜单项#：指定菜单项的内部名字或序号。若当前定义的是主菜单，该选项为"填充名称"；若当前定义的是子菜单，则该选项为"菜单项#"。单击右侧的文本框，输入菜单项的内部名字或序号。

【链接二】菜单选项

菜单热键：在菜单栏中，用带有下画线的字母表示，要为菜单项设置热键，可在某一字母左侧输入"\<"，这样在使用该菜单时就可通过 Alt + 指定字母键快速访问菜单项了。

"提示选项"对话框：

（1）"键标签"文本框：输入快捷键，以后可以通过按快捷键直接执行菜单功能，而无需打开菜单。

（2）"键说明"文本框：输入将出现在菜单项右侧的文本，默认与"键标签"中文本一致。

（3）"跳过"文本框：单击文本框右侧的"…"按钮将显示"表达式生成器"对话框，输入逻辑条件来确定菜单项是否可用。如果条件为真，则对应菜单项不可选。

（4）"信息"文本框：说明菜单项的说明信息，说明信息将出现在 VFP 状态栏中利用"表设计器"，完成表结构定义后，提示"现在输入数据记录吗？"，希望立即输入数据，可选择"是"，进入数据输入窗口，输入完一条记录后，将显示下一条记录，输入完毕后，按下 CTRL + W 键保存数据。

（5）"主菜单名"文本框：指定主菜单的菜单标题。

（6）"备注"编辑框：输入对菜单项的注释，VFP 运行菜单时将忽略注释。

【链接三】 生成菜单程序

菜单设计器中建立的菜单文件扩展名为 .mnx，其本身只是一个表文件，并不能够运行，需要生成代码文件 .mpr 才可执行。

第四部分 实训项目

【实训】 根据教材中的操作步骤，完成项目九中的各项任务。

项目十 学生信息管理系统

第一部分 导言

【教学目的】

进一步掌握用 Visual Foxpro 开发一个软件的基本过程，进一步掌握面向对象的程序设计方法。

【知识目标】

面向对象的程序设计方法。

【能力目标】

给对象添加代码。

第二部分 开发过程

【步骤一】开发准备。

（1）在 E 盘上新建文件夹项目十。

（2）新建项目管理器，文件名为学生信息管理系统，并将它保存到项目十文件夹中。

【步骤二】设计数据库、数据表。本项目中不重新设计数据库，引用项目二中的数据库和数据表。

（1）将 E：\ 项目二中数据库和数据表文件拷贝至 E：\ 项目十。

（2）在项目管理器——学生信息管理系统中添加数据库和数据表。

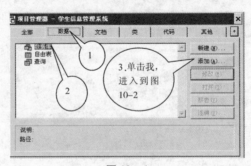

图 10 - 1

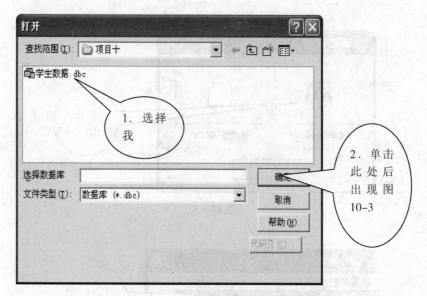

图 10 - 2

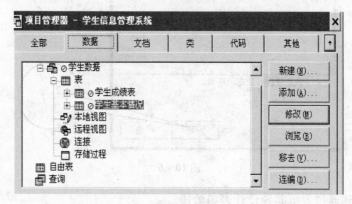

图 10 - 3

【步骤三】设计学生基本情况信息表单。

（1）用表单向导生成学生基本情况信息表单

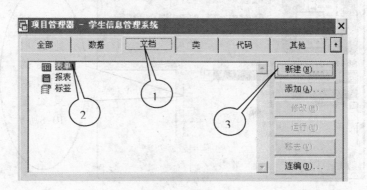

图 10 - 4

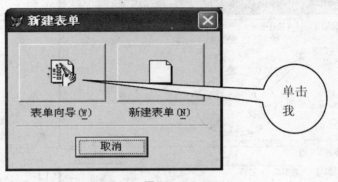

图 10 – 5

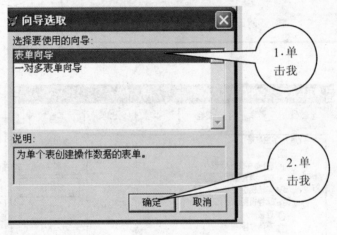

图 10 – 6

以下进入到通过表单向导设计表单阶段。

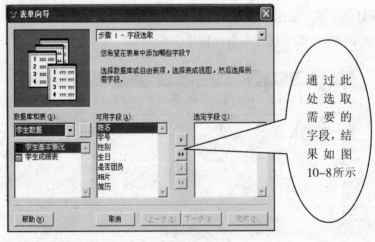

图 10 – 7

图 10-8

在图 10-8 中单击"下一步"按钮，进入到图 10-9 设计表单样式。

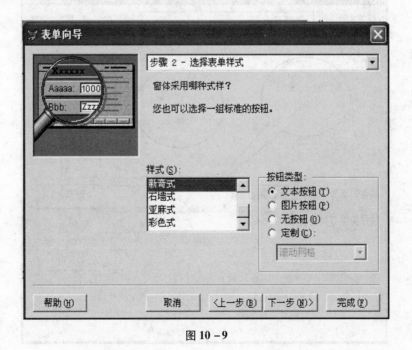

图 10-9

在图 10 – 9 中先选取表单样式，再单击"下一步"按钮，进入到图 10 – 10。

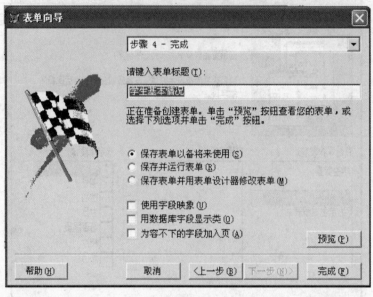

图 10 – 10

在图 10 – 10 中单击"完成"按钮，进入到图 10 – 11。

图 10 – 11

（2）用表单设计器修改表单

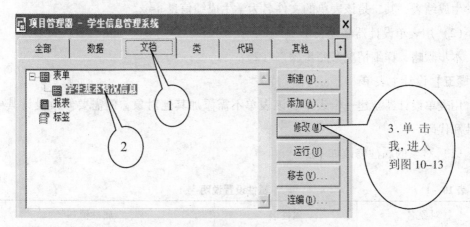

图 10 – 12

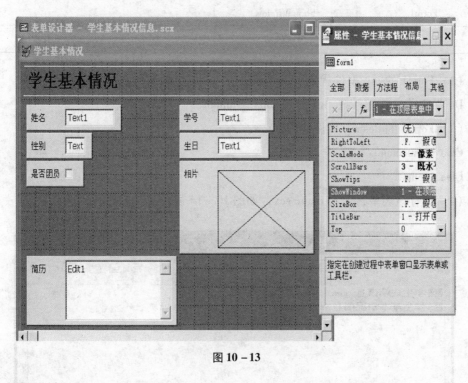

图 10 – 13

属性设计：

Form1 的 ShowWindow 的值设置为 1

Form1 的 MDIform 的值设置为 . t.

【步骤四】设计学生成绩信息表单。

（1）用表单向导生成学生成绩信息表单

本步骤略，详细情况参照步骤三（1），区别之处有两点：其一是该表单的数据源是学生成绩表，其二是该表单的文件名为学生成绩信息.scx。

（2）用表单设计器修改表单

本步骤略，详细情况参照步骤三（2）。

【步骤五】设计主表单。

用表单设计器新建一个表单，该表单不需添加其他对象。但需要修改设计其中的属性和代码。

（1）对象的属性修改如下：

表 10 - 1 属性设置说明

对象名	属性名	属性值
Form1	caption	学生信息管理系统
Form1	ShowWindow	2
Form1	MDIform	. t.

（2）Form1 的 init 事件代码。

Do 学生信息管理系统.mpr with this,"mmm"

（3）Form1 的 destroy 事件代码。

Clea menu mmm

Clea events

（4）保存该表单，名为 main.scx，如图 10 - 14 所示。

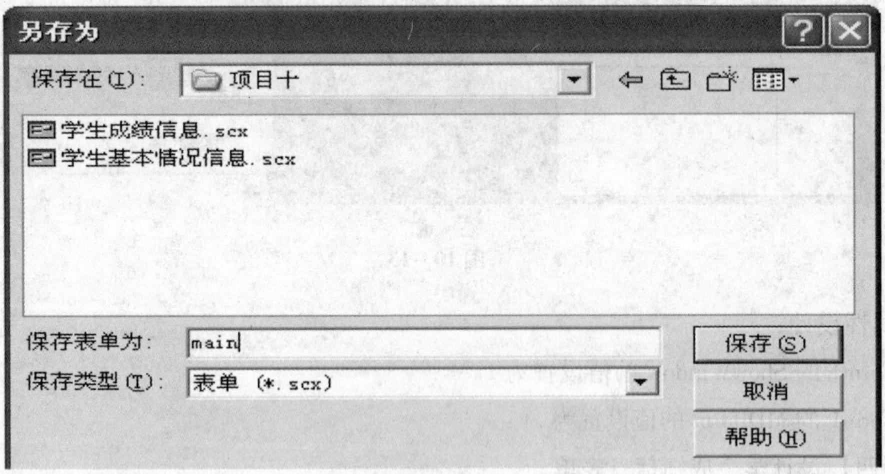

图 10 - 14

【步骤六】设计主菜单。

（1）设计主菜单，如图 10 –15 所示。

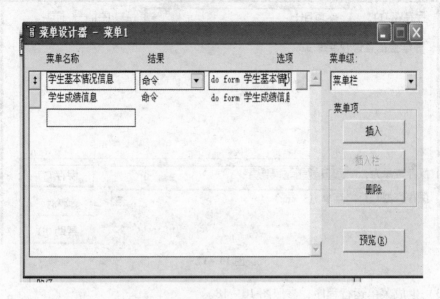

图 10 –15

（2）修改菜单，并保存，保存的文件名为：学生信息管理系统 .mnx，参照图 10 –16和图 10 –17。

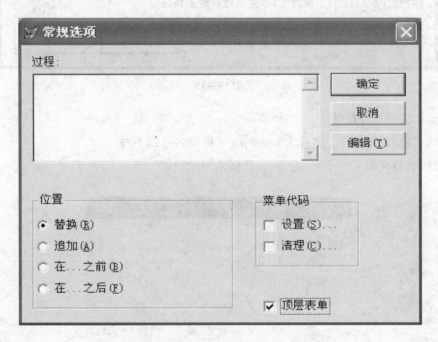

图 10 –16

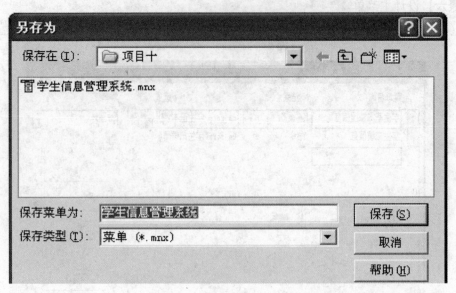

图 10 – 17

（3）生成菜单运行程序，参照图 10 – 18。

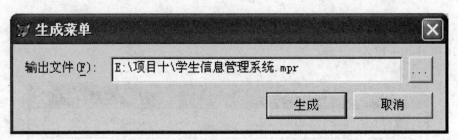

图 10 – 18

【步骤七】主控程序设计。

（1）新建程序文件，名称为 main. prg（扩展名可以不写）

（2）书写代码

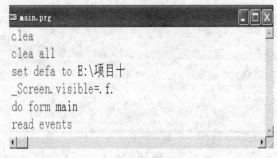

图 10 – 19

（3）设置为主文件

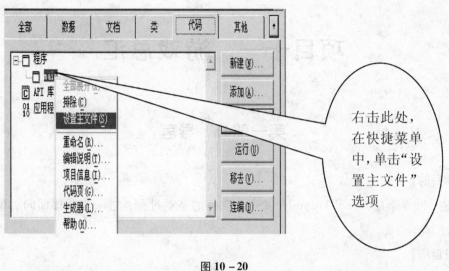

图 10 - 20

右击此处，在快捷菜单中，单击"设置主文件"选项

【步骤八】 连编成可执行文件，可执行文件的文件名为：学生信息管理系统 . exe（本步骤略，详细情况参照项目一）。

【步骤九】 运行调试。

打开 E 盘上项目十文件夹，直接双击可执行文件（学生信息管理系统 . exe），也可以将此文件发送为桌面快捷方式后再在桌面上直接运行。

第三部分 知识链接

【链接】 表单的功能

这个项目中涉及多个表单，一般来说每个子表单都是实现软件一个方面的功能，在本例中一个子表单实现学生基本情况信息管理功能，另一个表单实现学生成绩信息管理功能；而主表单一般来说是用来挂接主菜单，实现软件的用户界面。

第四部分 实训项目

【实训】 根据教材步骤，完成这个软件的开发。

项目十一　游戏总汇

第一部分　导言

【教学目的】

进一步掌握用 Visual Foxpro 开发一个软件的基本过程，进一步掌握面向对象的程序设计方法。

【知识目标】

面向对象的程序设计方法。

【能力目标】

给对象添加代码。

第二部分　开发过程

【步骤一】 开发准备。

（1）在 E 盘上新建文件夹项目十一。

（2）新建项目管理器，文件名为游戏总汇，将它保存到项目十一文件夹中。

（3）在 C：\ WINDOWS \ SYSTEM32 中找出以下五个游戏文件：msheart. exe 、freecell. exe、spider. exe、sol. exe 、winmine. exe，并将它们拷贝到项目十一文件夹中。

（4）在 C 盘任意找出五个图标文件（＊. ico），并将它们拷贝到项目十一文件夹中。

【步骤二】 新建游戏总汇表单文件。

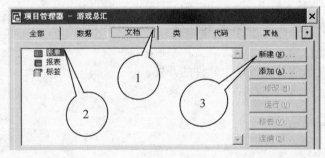

图 11 - 1

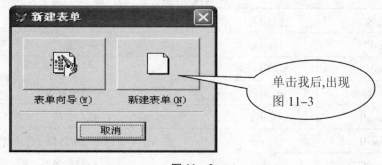

图 11－2

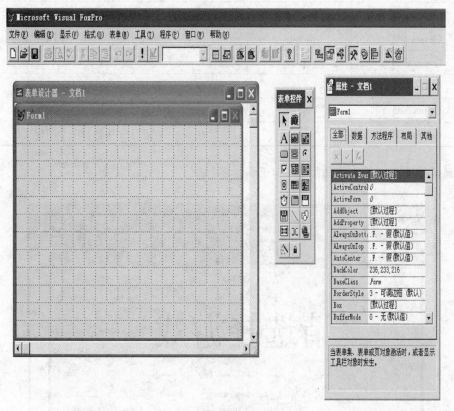

图 11－3

【步骤三】设计游戏总汇表单。

（1）对象设计

在图 11－3 的表单中依次画出以下对象：标签对象 1 个（label1），命令按钮 5 个（从 Command1 ~ Command5）。

（2）属性设计

对象的属性修改如下：

表 11 -1   属性设计说明

对象名	属性名	属性值
Form1	caption	游戏总汇
Form1	ShowWindow	2
Label1	caption	请选择游戏
Command1	caption	红心大战
Command1	picture	在 E：\ 项目十一中选择一个图标文件
Command2	caption	空档接龙
Command2	picture	在 E：\ 项目十一中选择一个图标文件
Command3	caption	蜘蛛纸牌
Command3	picture	在 E：\ 项目十一中选择一个图标文件
Command4	caption	纸牌
Command4	picture	在 E：\ 项目十一中选择一个图标文件
Command5	caption	扫雷
Command5	picture	在 E：\ 项目十一中选择一个图标文件

属性修改后表单变成如图 11 -4 所示。

图 11 -4

（3）代码设计（按照图 11 – 5 至图 11 – 10 中的要求，为各个对象添加代码）

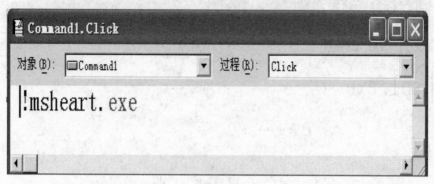

图 11 – 5

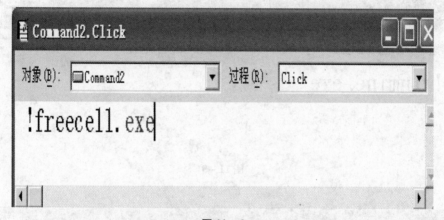

图 11 – 6

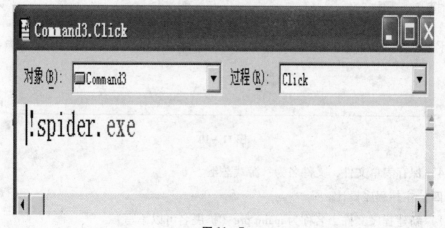

图 11 – 7

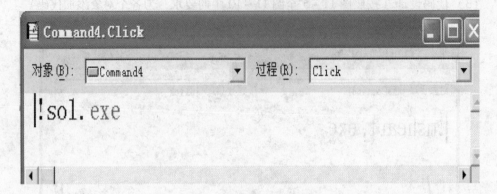

图 11－8

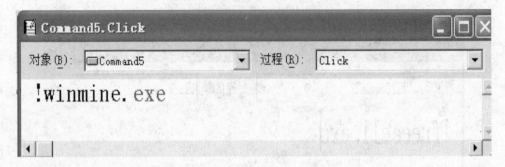

图 11－9

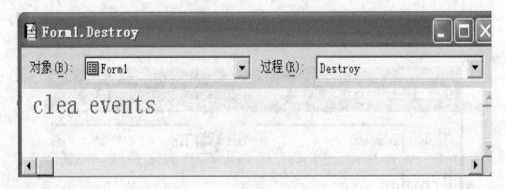

图 11－10

（4）保存表单文件，文件名为：游戏总汇

【步骤四】主控程序设计。

（1）新建程序文件，名称为 main. prg（扩展名可以不写）

（2）书写代码

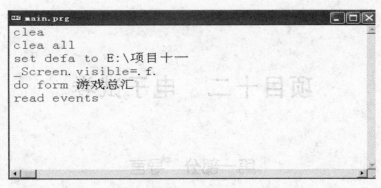

图 11 – 11

（3）将 main. prg 设置为主文件

【步骤五】连编成可执行文件，可执行文件的文件名为：游戏总汇 . exe（本步骤略，详细情况参照项目一）。

【步骤六】运行调试。

打开 E 盘上项目十一文件夹，直接双击可执行文件（游戏总汇 . exe），也可以将此文件发送为桌面快捷方式后再在桌面上直接运行。

第三部分 知识链接

【链接】在 VF 中运行外部可执行文件的命令格式。

!〈可执行文件名〉

第四部分 实训项目

【实训一】根据教材步骤，完成这个软件的开发。

【实训二】修改实训一，在表单中添加其他游戏或动画。

项目十二　电子试卷

第一部分　导言

【教学目的】

进一步掌握用 Visual Foxpro 开发一个软件的基本过程，进一步掌握面向对象的程序设计方法。

【知识目标】

面向对象的程序设计方法。

【能力目标】

给对象添加代码。

第二部分　开发过程

【步骤一】 开发准备。

（1）在 E 盘上新建文件夹项目十二。

（2）新建项目管理器，文件名为电子试卷，将它保存到项目十二文件夹中。

【步骤二】 新建电子试卷表单文件。

（1）对象设计。

依图 12 – 1 所示，在表单中依次画出以下对象。

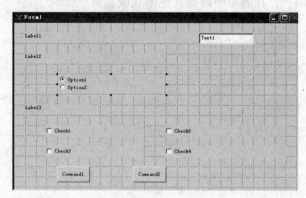

图 12 – 1

（2）属性设计，对象的属性修改参见表 12-1。

表 12-1　　　　　　　　　　　　　属性设计说明

对象名	属性名	属性值
Form1	caption	一年级数学试卷
Form1	ShowWindow	2
Label1	caption	（1）17+8=
Label1	fontsize	20
Label2	caption	（2）大于5小于8的数是
Label2	fontsize	20
Label3	caption	（3）小于25的素数是
Label3	fontsize	20
Command1	caption	交卷
Command1	fontsize	20
Command2	caption	评分
Command2	fontsize	20
Text1	fontsize	20
Optiongroup1	buttoncount	3
Option1	caption	5
Option2	caption	6
Option3	caption	8
Check1	caption	15
Check2	caption	23
Check3	caption	17
Check4	caption	29

属性修改后表单变成如图 12-2 所示。

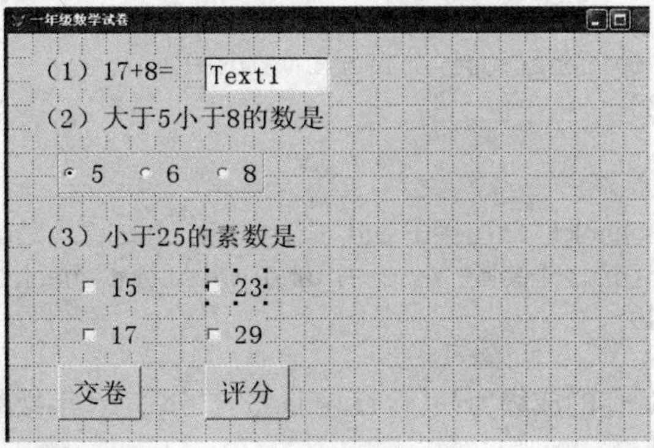

图 12-2

（3）代码设计（按照图 12 –3 至图 12 –5 的要求，为各个对象添加代码）。

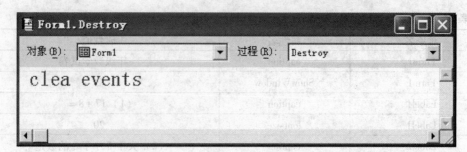

图 12 –3

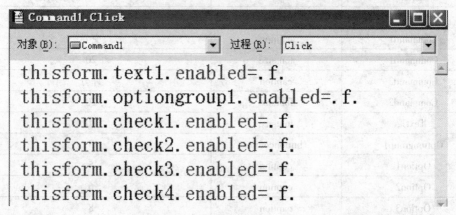

图 12 –4

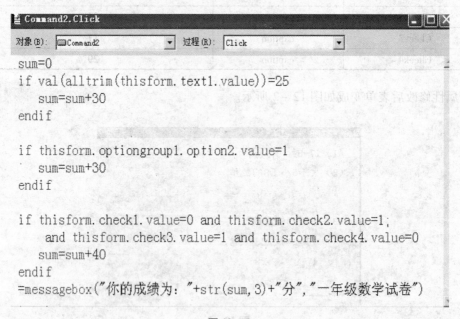

图 12 –5

（4）保存表单文件，文件名为：电子试卷。

【步骤三】 主控程序设计。

（1）新建程序文件，名称为 main. prg（扩展名可以不写）

（2）书写代码

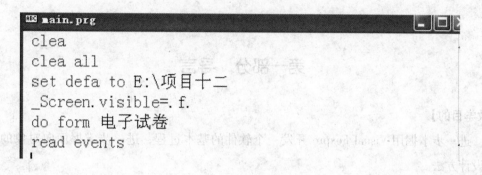

```
main.prg
clea
clea all
set defa to E:\项目十二
_Screen.visible=.f.
do form 电子试卷
read events
```

图 12 – 6

（3）将 main. prg 设置为主文件

【步骤四】 连编成可执行文件，可执行文件的文件名为：电子试卷. exe（本步骤略，详细情况参照项目一）。

【步骤五】 运行调试。

打开 E 盘上项目十二文件夹，直接双击可执行文件（电子试卷. exe），也可以将此文件发送为桌面快捷方式后再在桌面上直接运行。

第三部分　知识链接

【链接】 自定义对话框函数 messagebox（）的用法。

格式：messagebox（＜提示文本＞［，＜数值表达式＞［，＜标题文本＞]]）

功能：显示一个用户自定义对话框，函数值类型是数值型，＜数值表达式＞是用来指定对话框的按钮、图标和显示对话框时的默认按钮。

第四部分　实训项目

【实训一】 根据教材步骤，完成这个软件的开发。

【实训二】 修改实训一，在表单中添加其他题型，添加"重考"按钮。

【实训三】 在这个项目中，增加其他年级的数学试卷电子试卷，并完善这个软件的功能。

项目十三　猜数字游戏

第一部分　导言

【教学目的】

　　进一步掌握用 Visual Foxpro 开发一个软件的基本过程，进一步掌握面向对象的程序设计方法。

【知识目标】

　　面向对象的程序设计方法。

【能力目标】

　　给对象添加代码。

第二部分　开发过程

【步骤一】 开发准备。

　　（1）在 E 盘上新建文件夹项目十三。

　　（2）新建项目管理器，文件名为猜数字游戏，并将它保存到项目十三文件夹中。

【步骤二】 新建猜数字游戏表单文件。

　　（1）对象设计

　　如图 13 - 1 所示，在表单中依次画出以下对象。

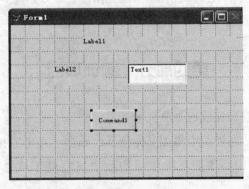

图 13 - 1

（2）属性设计

对象的属性修改如下：

表 13 – 1　　　　　　　　　　　　　　属性设计说明

对象名	属性名	属性值
Form1	caption	猜数字游戏
Form1	ShowWindow	2
Label1	caption	猜数字游戏
Label1	fontsize	36
Label2	caption	请输入一个两位数
Label2	fontsize	20
Text1	fontsize	20
Command1	caption	确定
Command1	fontsize	20

属性修改后表单变成如图 13 – 2 所示。

图 13 – 2

（3）代码设计（按照图 13 – 3 至图 13 – 5 中的要求，为各个对象添加代码）

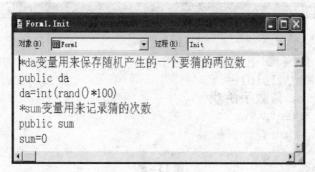

图 13 – 3

图 13 - 4

图 13 - 5

（4）保存表单文件，文件名为：猜数字游戏。

【步骤三】 主控程序设计。

（1）新建程序文件，名称为 main. prg （扩展名可以不写）

（2）书写代码

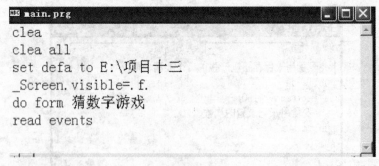

图 13 - 6

（3）将 main. prg 设置为主文件

【步骤四】 连编成可执行文件，可执行文件的文件名为：猜数字游戏 . exe（本步骤略，详细情况参照项目一）。

【步骤五】 运行调试。

打开 E 盘上项目十三文件夹，直接双击可执行文件（猜数字游戏 . exe），也可以将此文件发送为桌面快捷方式后再在桌面上直接运行。

第三部分　知识链接

【链接一】 rand （ ） 函数的用法

功能：返回一个 0 ~ 1 的随机数。

【链接二】 变量的作用域

程序设计离不开变量。一个变量除了类型和取值之外，还有一个重要的属性就是它的作用域。变量的作用域指的是在什么范围内是有效或能够被访问的。在 Visual Fox-pro 中，若以变量的作用域来分，内存变量可分为公共变量、私有变量和局部变量3 类。

1. 公共变量

在任何模块中都可使用的变量称为公共变量。公共变量要先建立使用，公共变量必须先声明和定义后才能使用。

定义格式：public ＜内存变量＞

公共变量一旦建立就一直有效，即使程序运行结束返回到命令窗口也不会消失。只有当执行 clear memory，quit 等命令后，公共变量才被释放。

2. 私有变量

在程序中直接使用（没有通过 public 和 local 命令事先声明）而由系统自动隐含建立的变量都是私有变量。私有变量在建立它的程序模块及其下属模块中有效，当建立它的程序模块运行结束时自动清除。

3. 本地变量

本地变量只能在建立它的程序模块中使用，而不能在其上层或下层程序模块中使用。当建立它的模块程序运行结束时，本地变量自动释放。本地变量也必须先定义后才能使用。

定义格式：local ＜内存变量＞。

第四部分 实训项目

【实训一】 根据教材步骤，完成这个软件的开发。

【实训二】 修改实训一，在表单中添加"查看答案"和"重玩"按钮。

【实训三】 在这个项目中，增加以下功能：根据猜数的成绩好坏（猜对所用的次数越少，则成绩越好），给予相应的奖励。

项目十四　电脑公司管理系统

第一部分　导言

【教学目的】

　　掌握用 Visual Foxpro 开发一个管理信息系统软件的基本过程，进一步掌握面向对象的程序设计方法。

【知识目标】

　　面向对象的程序设计方法。

【能力目标】

　　给对象添加代码。

第二部分　开发过程

【步骤一】 开发准备。

（1）在 E 盘上新建文件夹项目十四。

（2）新建项目管理器，文件名为电脑公司管理系统，并将它保存到项目十四文件夹中。

（3）搜索几个图片文件（＊.jpg）和一个图标文件（＊.ico），并将它们拷贝到项目十四文件夹中。

【步骤二】 设计数据库、数据表。

（1）新建数据库，文件名为：信息管理。

（2）在数据库中新建数据表，表名为：供应商。它的结构如图 14－1 所示。

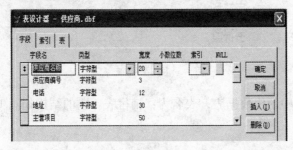

图 14－1

（3）在数据库中新建数据表，表名为：进货表。它的结构如图 14－2 所示。

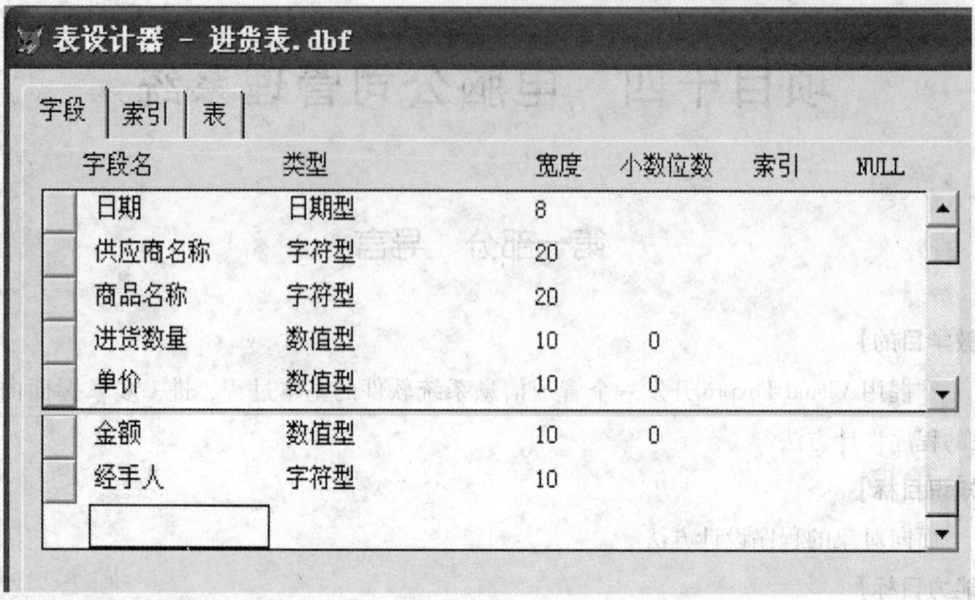
表设计器 - 进货表.dbf
字段
索引
表
字段名
类型
宽度
小数位数
索引
NULL
日期
日期型
8
供应商名称
字符型
20
商品名称
字符型
20
进货数量
数值型
10
0
单价
数值型
10
0
金额
数值型
10
0
经手人
字符型
10

图 14－2

（4）在数据库中新建数据表，表名为：客户。它的结构如图 14－3 所示。

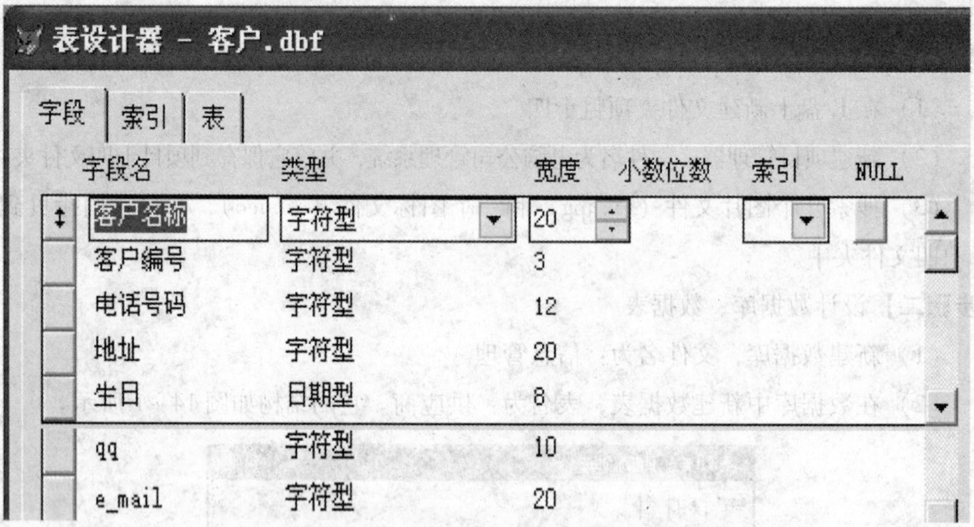
表设计器 - 客户.dbf
字段
索引
表
字段名
类型
宽度
小数位数
索引
NULL
客户名称
字符型
20
客户编号
字符型
3
电话号码
字符型
12
地址
字符型
20
生日
日期型
8
qq
字符型
10
e_mail
字符型
20

图 14－3

（5）在数据库中新建数据表，表名为：销售表。它的结构如图 14－4 所示。

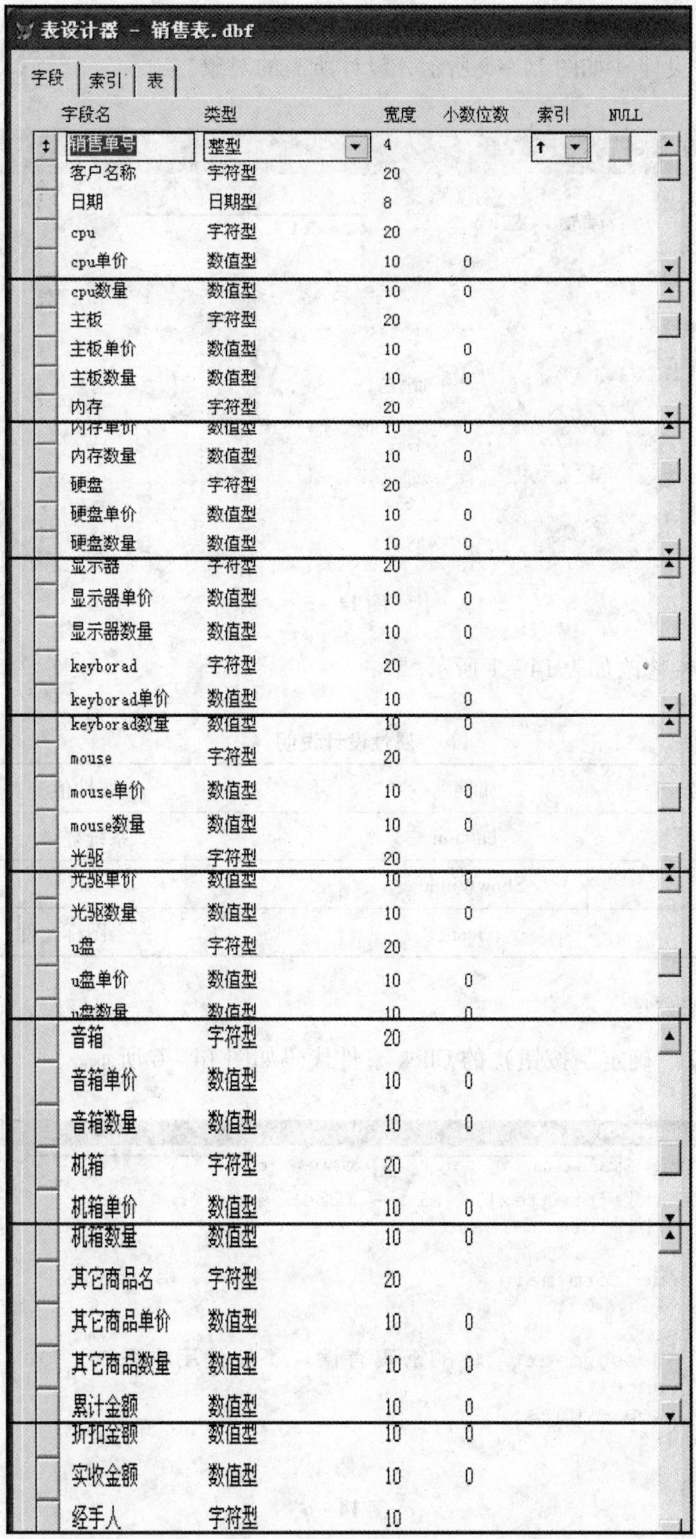

表设计器 - 销售表.dbf

字段 | 索引 | 表

字段名	类型	宽度	小数位数	索引	NULL
销售单号	整型	4		↑	
客户名称	字符型	20			
日期	日期型	8			
cpu	字符型	20			
cpu单价	数值型	10	0		
cpu数量	数值型	10	0		
主板	字符型	20			
主板单价	数值型	10	0		
主板数量	数值型	10	0		
内存	字符型	20			
内存单价	数值型	10	0		
内存数量	数值型	10	0		
硬盘	字符型	20			
硬盘单价	数值型	10	0		
硬盘数量	数值型	10	0		
显示器	字符型	20			
显示器单价	数值型	10	0		
显示器数量	数值型	10	0		
keyborad	字符型	20			
keyborad单价	数值型	10	0		
keyborad数量	数值型	10	0		
mouse	字符型	20			
mouse单价	数值型	10	0		
mouse数量	数值型	10	0		
光驱	字符型	20			
光驱单价	数值型	10	0		
光驱数量	数值型	10	0		
u盘	字符型	20			
u盘单价	数值型	10	0		
u盘数量	数值型	10	0		
音箱	字符型	20			
音箱单价	数值型	10	0		
音箱数量	数值型	10	0		
机箱	字符型	20			
机箱单价	数值型	10	0		
机箱数量	数值型	10	0		
其它商品名	字符型	20			
其它商品单价	数值型	10	0		
其它商品数量	数值型	10	0		
累计金额	数值型	10	0		
折扣金额	数值型	10	0		
实收金额	数值型	10	0		
经手人	字符型	10			

图 14－4

【**步骤三**】设计登录表单，表单文件名为 dl. scx。

（1）对象设计（如图 14 – 5 所示，设计所需的对象）

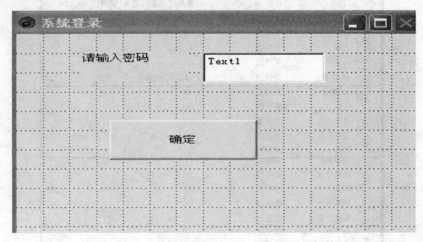

图 14 – 5

对象的属性修改如表 14 – 1 所示。

表 14 – 1   属性设计说明

对象名	属性名	属性值
Form1	caption	系统登录
Form1	ShowWindow	2
Form1	icon	一个图标文件

（2）代码设计

Command1（"确定"按钮）的 Click 事件代码如图 14 – 6 所示。

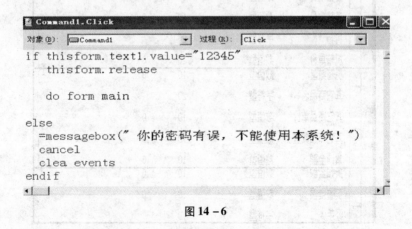

图 14 – 6

【步骤四】设计进货表单。

（1）用表单向导进货表单（数据源为进货表．dbf），参照图 14 – 7 设计。

图 14 – 7

（2）用表单设计器修改表单，修改参照表 14 – 2。

表 14 – 2　　　　　　　　　　　　　属性设计说明

对象名	属性名	属性值
Form1	caption	进货表单
Form1	ShowWindow	1
Form1	icon	一个图标文件

【步骤五】设计销售表单。

（1）用表单向导销售表单（数据源为销售表．dbf；表单样式为彩色式；表单标题为电脑公司销售表），参照图 14 – 8 设计。

（2）用表单设计器修改表单，修改参照表 14 – 3。

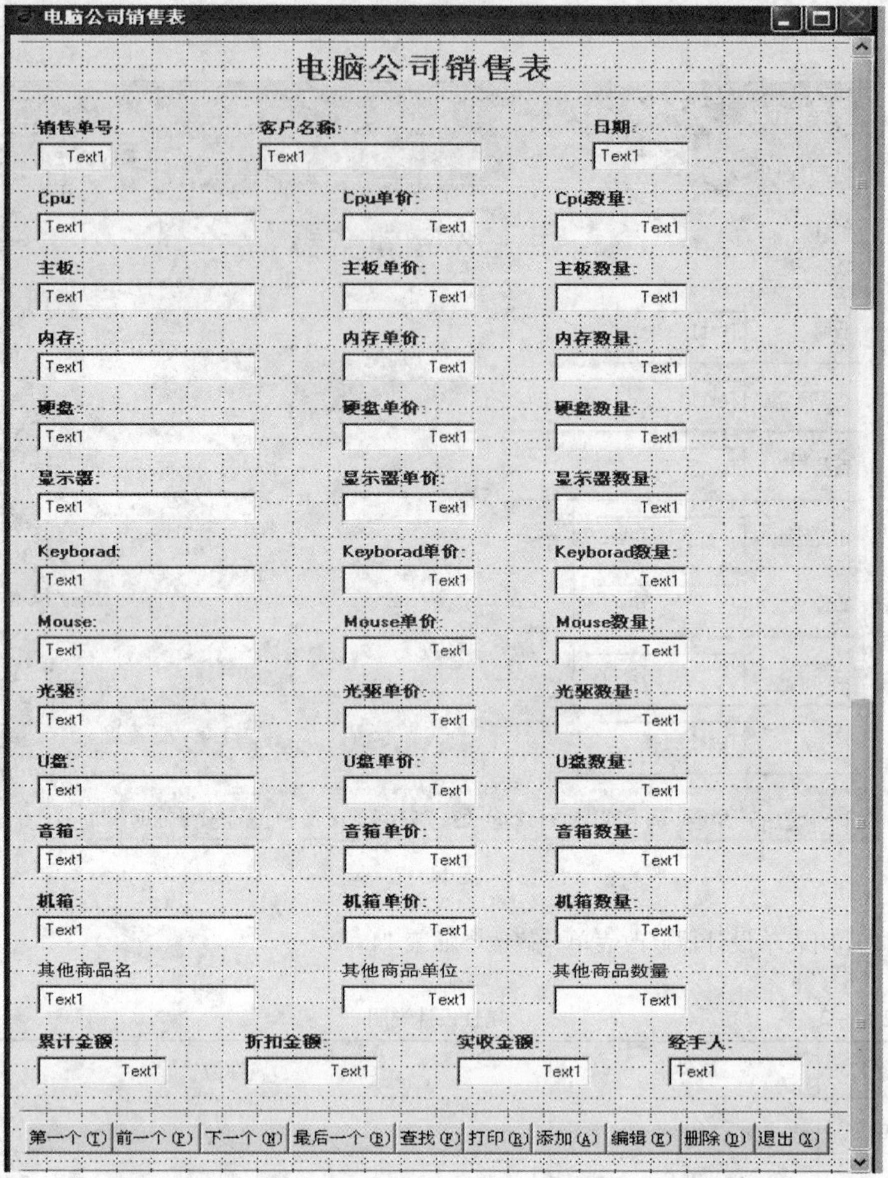

图 14 - 8

表 14 - 3   属性设计说明

对象名	属性名	属性值
Form1	caption	电脑公司销售表
Form1	ShowWindow	1
Form1	icon	一个图标文件

— 166 —

【步骤六】设计主表单。

用表单设计器新建一个表单，该表单不需添加其他对象。但需要修改设计其中的属性和代码。

（1）对象的属性修改参照表 14 - 4。

表 14 - 4　　　　　　　　　　　　　对象的属性修改

对象名	属性名	属性值
Form1	caption	电脑公司管理系统 V2009 设计者：江西省商务学校计算机教学科
Form1	ShowWindow	2
Form1	MDIform	. t.
Form1	icon	一个图标文件
Form1	Window State	2
Form1	picture	一个图形文件

（2）Form1 的 init 事件代码。

Do main. mpr with this，" mmm"

（3）Form1 的 destroy 事件代码。

Clea menu mmm

Clea events

（4）保存该表单，名为 main. scx。

【步骤七】设计主菜单。

（1）设计主菜单，如图 14 - 9 所示。

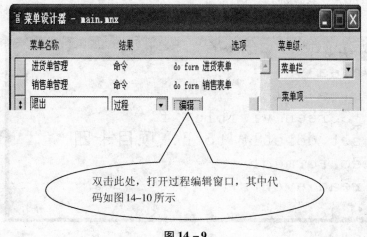

图 14 - 9

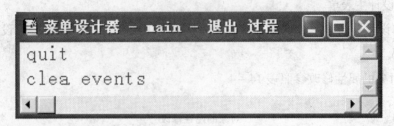

图 14 - 10

（2）修改菜单（参照图 14 - 11），并保存，保存的文件名为：main. mnx。

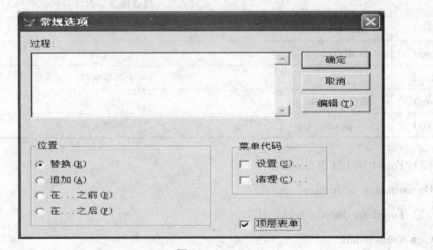

图 14 - 11

（3）生成菜单运行程序 main. mpr。

【步骤八】主控程序设计。

（1）新建程序文件，名称为 main. prg（扩展名可以不写）。

（2）书写代码（参照图 14 - 12）。

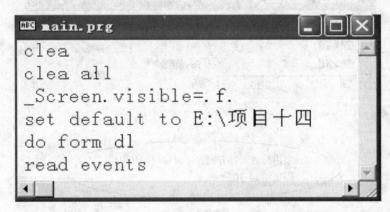

图 14 - 12

（3）设置为主文件（参照图14－13）。

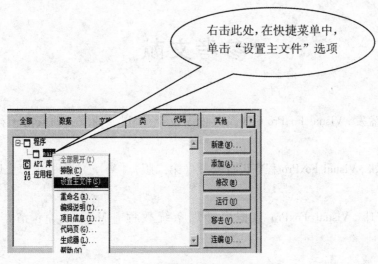

右击此处，在快捷菜单中，单击"设置主文件"选项

图14－13

【步骤九】连编成可执行文件，可执行文件的文件名为：电脑公司管理系统.exe（本步骤略，详细情况参照项目一）。

【步骤十】运行调试。

打开E盘上项目十四文件夹，直接双击可执行文件（电脑公司管理系统.exe），也可以将此文件发送为桌面快捷方式后再在桌面上直接运行。

第三部分　知识链接

【链接】管理信息系统开发的基本知识

（1）管理信息系统就是我们常说的 MIS（Management Information System），它跨越了若干个领域，比如管理科学、运筹学、统计学以及计算机科学等。

（2）管理信息系统的开发方式主要有独立开发方式、委托开发方式、合作开发方式、购买现成软件方式。

（3）管理信息系统的开发过程一般包括系统开发准备、系统调查、系统分析、系统设计、系统实现、系统转换、系统运行与维护、系统评价等阶段。

第四部分　实训项目

【实训】根据教材步骤，完成这个软件的开发。

参考文献

［1］郭盈发．Visual FoxPro 6.0 及其程序设计［M］．西安：西安电子科技大学出版社，2001．

［2］武妍．Visual FoxPro 程序设计教程（第二版）［M］．上海：上海交通大学出版社，2007．

［3］程玮．Visual FoxPro 数据库管理系统教程［M］．北京：清华大学出版社，2014．